Markus Roth

Kapitalmarkteffizienz und Marktmikrostruktur-überlegungen bei Kapitalerhöhungen aus Gesellschaftsmitteln und Stock splits

Examicus Verlag

Bibliografische Information der Deutschen Nationalbibliothek:

Bibliografische Information der Deutschen Nationalbibliothek: Die Deutsche Bibliothek verzeichnet diese Publikation in der Deutschen Nationalbibliografie; detaillierte bibliografische Daten sind im Internet über http://dnb.d-nb.de/ abrufbar.

Druck und Bindung: Books on Demand GmbH, Norderstedt Germany
ISBN: 978-3-86746-173-3

http://www.examicus.de/e-book/185408/kapitalmarkteffizienz-und-marktmikrostruktur-ueberlegungen-bei-kapitalerhoehungen

Examicus - Verlag für akademische Texte

Der Examicus Verlag mit Sitz in München hat sich auf die Veröffentlichung akademischer Texte spezialisiert.

Die Verlagswebseite www.examicus.de ist für Studenten, Hochschullehrer und andere Akademiker die ideale Plattform, ihre Fachtexte, Studienarbeiten, Abschlussarbeiten oder Dissertationen einem breiten Publikum zu präsentieren.

FERNUNIVERSITÄT

GESAMTHOCHSCHULE IN HAGEN

FACHBEREICH WIRTSCHAFTSWISSENSCHAFTEN

Diplomarbeit

zur Erlangung

des Grades eines Diplom-Wirtschaftsphysikers

über das Thema

Kapitalmarkteffizienz und Marktmikrostrukturüberlegungen bei Kapitalerhöhungen aus Gesellschaftsmitteln und Stock splits

von: Markus Roth

Abgabedatum: 19.11.99

Abkürzungsverzeichnis

ACAR	durchschnittliche kumulierte Überrendite
ADR	American Depositary Reciepts
AG	Aktiengesellschaft
AktG	Aktiengesetz
AT (A)	Ankündigungstag
CAPM	Capital Asset Pricing Model
CAR	kumulierte Überrendite
CDAX	Index aus allen Werten des amtlichen Handel der FWB
c.p.	ceteris paribus
DAFOX	wertgewichteter Index der an der FWB gehandelten Aktien
DAX	Deutscher Aktienindex
DFDB	Deutsche Finanzdatenbank
ExT (E)	Umstellungstag (Ex-Tag)
FWB	Frankfurter Wertpapierbörse
HV	Hauptversammlung
KEaGM	Kapitalerhöhung aus Gesellschaftsmitteln
KEgBE	Kapitalerhöhung gegen Bareinlagen
mind.	mindestens
NASDAQ	National Association of Security Dealers Automated Quotations System
NYSE	New York Stock Exchange
OLS	Ordinary Least Square
p.a.	per annum
rel.	relativ
S.	Seite
s.a.	siehe auch
sig.	signifikant
Sp.	Spalte
S&P	Standard and Poors
u.a.	unter anderem
ÜR	Überrendite
v.a.	vor allem
vgl.	vergleiche
WpHG	Gesetz über den Wertpapierhandel
zstzl.	zusätzlich
z.T.	zum Teil

1 Einleitung

Ausgangspunkt der vorliegenden Arbeit ist die Informationseffizienz. Ein hohe Informationseffizienz ist Voraussetzung für eine optimale Kapitalallokation und Bedingung für einen vollkommenen Kapitalmarkt. Für diesen hängt der Kapitalwert theoretisch nicht von Finanzierungsentscheidungen ab. Verschiedene empirische Untersuchungen der Kapitalmärkte deuten jedoch darauf hin, daß Finanzierungsentscheidungen bei börsennotierten Unternehmen Kursreaktionen auslösen, die im Rahmen von neoklassischen Gleichgewichtsmodellen nicht erklärt werden können. Die beobachteten Kursreaktionen deuten auf die Existenz von Marktunvollkommenheiten. Für deren Beschreibung existiert keine geschlossene Theorie, folglich ist nur eine Partialanalyse der Finanzierungsentscheidung mit Hilfe verschiedener Untersuchungshypothesen möglich. Die darin vorgeschlagenen Wirkungszusammenhänge lassen sich in Ereignisstudien aufzeigen.

Kapitalerhöhungen sind ein wichtiges Beispiel von Finanzierungsentscheidungen. Während bei Kapitalerhöhungen gegen Bareinlagen und Neuemissionen dem Unternehmen Kapital zugeführt wird und sich somit auch die Kapitalstruktur ändert, ist dies bei Kapitalerhöhungen aus Gesellschaftsmitteln und erst recht für Stock Splits nicht der Fall. [1] Letztere hatten am Deutschen Aktienmarkt lange Zeit keine Rolle gespielt. Erst mit dem Zweiten Finanzmarktförderungsgesetz 1994 wurde der Mindestnennwert für Aktien von 50 DM auf 5 DM verringert.[2] Dies löste in der jüngsten Vergangenheit eine Flut von Stock Splits in Deutschland aus.[3] Dadurch wurde auch eine wissenschaftliche Diskussion dieses Thema angeregt und seit 1994 sind fünf Studien durchgeführt worden, die KEaGM oder Stock Splits am deutschen Markt zum Gegenstand haben. Für den US-amerikanischen Aktienmarkt existieren wesentlich mehr wissenschaftliche Untersuchungen. Über die Wirkung der Ankündigung und Durchführung von KEaGM und Splits herrscht jedoch noch immer große Unsicherheit.

Ziel der vorliegenden Arbeit ist es, einen Überblick über den derzeitigen Stand der wissenschaftlichen Diskussion im Hinblick auf Kapitalmaßnahmen, die die Aktienzahl erhöhen, zu verschaffen. Dabei soll auf die Kapitalmarkteffizienz eingegangen werden und die Wirkung der Marktmikrostruktur gedeutet werden. Untersuchungsgegenstand ist der deutsche Aktienmarkt.

In einem ersten Schwerpunkt sollen aus der Fülle der möglichen Erklärungsansätze die herausgefiltert werden, die den größten Erklärungsgehalt versprechen. Der zweite Schwerpunkt liegt darin, einen möglichst vollständigen Überblick über die Ergebnisse

---

1 Kapitalerhöhungen aus Gesellschaftsmitteln werden im folgenden als KEaGM abgekürzt.

2 Vgl. ZWEITES FINANZMARKTFÖRDERUNGSGESETZ (1994), S. 1777.

3 Ende 1996 hatten 97 Unternehmen von der Möglichkeit der Nennwertreduktion Gebrauch gemacht, vgl. WULFF (1999), S. 20. Ein Blick in die Kurstabellen der Wirtschaftspresse zeigt aber, daß bis heute der überwiegende Teil der Aktien auf den Mindestnennwert umgestellt wurde.

der Studien zu verschaffen, die sich mit KEaGM und Splits beschäftigt haben. Drittens werden schließlich die empirischen Ergebnisse mit den aufgestellten Hypothesen unter Berücksichtigung der Marktmikrostruktur verglichen. Daneben wird der Frage nachgegangen, ob der Kapitalmarkt die Information „KEaGM oder Stock Split" effizient verarbeitet, d.h. die Aktienkurse den Informationswert des Ereignisses unverzüglich widerspiegeln. Marktmikrostrukturuntersuchungen und Überprüfung der Informationseffizienz schließen sich dabei nicht aus. Eine empirische Studie, die die Informationseffizienz prüft, kann durchaus Hypothesen zur Erklärung der Überrenditen heranziehen, die ihre Erklärung in der Mikrostruktur des Marktes haben.

Der Aufbau der Arbeit gliedert sich in vier Teile. Im folgenden Abschnitt 2 werden zunächst die Grundlagen aus der Finanzierungstheorie wiedergegeben, die für die betrachteten Effekte relevant sind. Zunächst wird in Kapitel 2.1 die neoklassische Preisbildung auf Kapitalmärkten beschrieben. Durch Abkehr von gleichgewichtstheoretischen Ansätzen, gelangt man zu Marktunvollkommenheiten, die nicht mit den einfachen Preisbildungsmodellen beschrieben werden können. Diese Marktunvollkommenheiten sind Grundlage einiger späterer Erklärungshypothesen.
Aufbauend auf die Preisbildung wird in Kapitel 2.2 das Konzept der Informationseffizienz hergeleitet. Es bildet die Grundlage für die Untersuchung von Informationswirkungen, wie sie von KEaGM und Stock Splits ausgehen können. Es gibt Untersuchungen, die versuchen durch unterschiedliche Marktteilnehmergruppen oder Handelsverfahren die Kursphänomene empirisch zu begründen. Diesen Ansatz kann man unter dem Stichwort Marktmikrostruktur betrachten. Um den Einfluß der Kapitalmarktfriktionen, die sich aus der Mikrostruktur des Aktienmarktes ergeben, beurteilen zu können, wird in Kapitel 2.3 die Mikrostruktur des Kapitalmarktes dargestellt. In Kapitel 2.4 schließlich werden die institutionellen Rahmenbedingungen erläutert, die die Unternehmen beachten müssen, wenn sie die hier vorgestellten Kapitalmaßnahmen durchführen möchten.
Im Kapitel 3, dem Hauptteil der Arbeit, erfolgt eine Darstellung und Erörterung ausgewählter empirischer Studien, die KEaGM und Stock Splits zum Gegenstand haben. Die Bewertung der Information Kapitalerhöhung oder Stock Split ist zwangsläufig verbunden mit einem Test des Kapitalmarktes auf die halbstrenge Form der Informationseffizienz. Dazu müssen in Kapitel 3.1 geeignete Hypothesen aufgestellt werden, anhand derer man die Wirkungen der Ausgabe zusätzlicher Aktien auf den Aktienkurs und die Effizienz der Informationsverarbeitung an den Börsen beurteilen kann. Durchgeführt werden die Tests schließlich mittels Ereignisstudien. Deren methodische Grundkonzeption enthält Kapitel 3.2. Bei der abschließenden Interpretation der Ergebnisse, der in Kapitel 3.3 vorgestellten Untersuchungen, soll in Kapitel 3.4 neben dem Informationsgehalt geprüft werden, inwieweit die Marktmikrostruktur zu den beobachteten Kursreaktionen beitragen könnte.

Kapitel 4 faßt die Ergebnisse nochmals zusammen und wagt einen Ausblick.

2 Grundlagen

2.1 Preisbildung am Kapitalmarkt

Eine wesentliche Erkenntnis der modernen finanzökonomischen Analyse liegt darin, daß einzelwirtschaftliche Finanzierungsprobleme und –entscheidungen nur im Rahmen marktmäßiger Zusammenhänge und Gleichgewichte verstanden werden können. Vor diesem Hintergrund sind demzufolge Finanzierungsmaßnahmen wie KEaGM und Stock Splits zu analysieren. Der Prozeß der Bildung von Kapitalmarktpreisen und –gleichgewichten soll deshalb vorab dargestellt werden. In einem vollkommenen Kapitalmarkt liegen dem Preisbildungsprozeß einerseits die Theorie rationaler Erwartungen und andererseits die Irrelevanzthesen von Modigliani/Miller zugrunde.

2.1.1 Preisbildung bei rationalen Erwartungen und vollkommenen Kapitalmarkt

In der neoklassischen oder marktorientierten Finanzierungstheorie wird unterstellt, daß von rationalen Entscheidungsträgern, mit einheitlichem Informationsstand, ein Gleichgewicht herbeigeführt wird.[4] Der Marktwert eines Unternehmens auf einem vollkommenen Markt ergibt sich als Barwert (mit dem Diskontierungssatz e) der künftigen Zahlungsströme an die Kapitalgeber.[5] Wenn sich nun der AG[6] eine vorteilhafte Investitionsmöglichkeit mit positivem Kapitalwert auftut, so steigert dies den Marktwert der AG um diesen Kapitalwert.[7] Der für den Kapitalwert notwendige Kalkulationszinsfuß entspricht dem von der Börse verwendeten Diskontierungssatz e.

Die Bewertung von Aktien durch Dividenden-Diskontierungsmodelle setzt rationale Erwartungen der Marktteilnehmer voraus.[8] Rational nennt man Erwartungen dann, wenn die Art und Weise, wie der Markt Erwartungen bildet und umsetzt, dazu führt, daß auch die Marktpreise zustande kommen, die der Markt erwartet hat.[9] Würden die Marktteilnehmer andere als die rationalen Erwartungen bilden, so könnten sie ihre wirt-

4 Vgl. PERRIDON/STEINER (1993), S. 435.

5 Vgl. SCHMIDT/TERBERGER (1997), S. 199-207.

6 Im folgenden beziehen sich sämtliche Ausführungen auf Aktiengesellschaften (AG). Deswegen wird oftmals die kürzere Bezeichnung AG gewählt, auch wenn die beschriebenen Sachverhalte auf Unternehmen aller Rechtsformen zutreffen.

7 Dementsprechend steigt der Börsenkurs instantan um den Kapitalwert der Investition dividiert durch die Anzahl der Aktien.

8 Vgl. SCHMIDT/TERBERGER (1997), S. 199-207.

9 Im allgemeinsten Fall bedeutet dies, daß sich am Markt diejenige „wahre“ Wahrscheinlichkeitsverteilung zukünftiger Kurse einstellt, mit der die Anleger rechnen. Rationale Erwartungen setzen demnach keine Sicherheit voraus; die erwartete Rendite ist lediglich „im Durchschnitt“ gleich der tatsächlichen Rendite.

schaftliche Situation systematisch dadurch verbessern, daß sie die Art ihrer Erwartungsbildung ändern.[10]
Werden in einem rationalen Markt aufgrund neuer Informationen Kursänderungen für möglich gehalten, dann werden sie sofort im Kurs antizipiert.[11] Dies ist das Charakteristikum eines informationseffizienten Marktes, wie er in Kapitel 2.2.1 mit seinen Implikationen beschrieben wird. Die Antizipation möglicher Entwicklungen im Börsenkurs hebt die Unsicherheit allerdings nicht auf. Aber die verfügbare Information über sie ist auf einem „informationseffizienten Markt" nicht profitabel ausnutzbar. Die Erwartungshaltung der Investoren bezüglich Ihrer Rendite entspricht wieder genau dem Diskontierungssatz, den „die Börse" verwendet, wenn sie aktuelle Kurse als Barwerte zukünftiger Dividenden und Kurse ermittelt. Das Konzept der Informationseffizienz des Kapitalmarktes entspricht somit dem Konzept rationaler Erwartungen.[12]

2.1.2 Irrelevanz der Kapitalstruktur für den Marktwert

Während Zahlungen an Fremdkapitalgeber in Höhe und Zeitpunkt fixiert sind, ist dies für die Zahlungen an die Eigenkapitalgeber nicht der Fall. Mittels der Kapitalstruktur eines Unternehmens wird eine Verteilung des Risikos auf die diversen Kapitalgeber geregelt[13]. Es stellt sich nun die Frage, ob durch die unterschiedliche Aufteilung zukünftiger Zahlungsströme der Marktwert von Unternehmen beeinflußt wird und folglich Kursreaktionen bei der Ankündigung von Kapitalerhöhungen und Stock Splits ausgelöst werden können.
Vor dem Hintergrund eines vollkommenen Kapitalmarktes mit den Prämissen:

- Es existieren keine Steuern
- Wertpapiere müssen beliebig teilbar sein
- Alle Kapitalgeber sind auf die Maximierung ihres finanziellen Nutzens bedacht und handeln rational
- Es gibt keine Informations- und Transaktionskosten
- Alle Marktteilnehmer haben den gleichen Marktzugang und Informationsstand
- Alle Marktteilnehmer haben homogene Erwartungen,

führen Modigliani/Miller einen Arbitragebeweis mit dem Ergebnis, daß die finanzpolitischen Entscheidungen des Managements das Vermögen der Anteilseigner nicht beeinflussen.[14] Unter dieser Voraussetzung ist die Art der Finanzierung eines Unterneh-

[10] Vgl. SCHMIDT/TERBERGER (1997), S. 211. Hier ist jedoch Vorsicht geboten, da eine Abweichung von der erwarteten Rendite auch auf ein falsche Theorie der erwarteten Renditen zurückgehen kann. Vgl. KRÄMER (1995), Sp. 1137.

[11] Vgl. SCHMIDT/TERBERGER (1997), S. 217. Die Aktienkursänderung reflektiert lediglich die unerwartete Komponente einer Ankündigung, deshalb wird die anschließende Kursänderung bei Eintritt eines Ereignisses, das vorab schon für möglich gehalten wurde, weniger signifikant ausfallen als bei völlig überraschenden Ereignissen.

[12] Vgl. SCHMIDT/TERBERGER (1997), S. 217.

[13] Vgl. FRANKE/HAX (1994), S. 331.

[14] Für einen ausführlichen Beweis der Irrelevanz der Kapitalstruktur vgl. MODIGLIANI/MILLER (1958), S. 268. Zur Irrelevanz der Dividendenpolitik, MILLER/MODIGLIANI (1961), S. 411-433.

mens irrelevant. Die in der vorliegenden Arbeiten untersuchten Kapitalstrukturänderungen aufgrund einer Kapitalerhöhung sollten demnach keine Rolle für den Marktwert spielen.[15]

2.1.3 Unvollkommener Kapitalmarkt

Rückt man von den Voraussetzungen des vollkommenen Kapitalmarkts schrittweise ab, so lassen sich aus der Praxis Beispiele für Kursreaktionen finden, für die der vollkommene Kapitalmarkt keine Erklärungen liefern kann. Die für die empirische Untersuchung von Kapitalerhöhungen interessanten Marktunvollkommenheiten lassen sich in vier Gruppen untergliedern.[16]

Die sich ändernde **Kapitalstruktur** hat entgegen den Thesen von Modigliani/Miller aufgrund von Steuern, Transaktionskosten und Insolvenzrisiken einen Einfluß auf den Eigenkapitalwert. Hierdurch ist eine Kursreaktion nach Kapitalerhöhungen ebenso erklärbar wie durch **Agency-Kosten-Hypothesen**, welche die unterschiedlichen Interessen verschiedener Kapitalgebergruppen und des Managements und die damit verbundenen Probleme von Unter- bzw. Überinvestitionen berücksichtigen. Beide Gruppen von Marktunvollkommenheiten wirken sich jedoch ausschließlich bei Barkapitalerhöhungen (KEgBE) aus, da nur bei ihnen eine Veränderung der Kapitalstruktur stattfindet.

Eine weitgehendere Wirkung, auch auf die hier untersuchten Nominalkapitalerhöhungen (KEaGM) und Stock Splits, ergeben sich durch zwei andere Gruppen von Marktunvollkommenheiten.[17] Einerseits herrscht eine **ungleiche Informationsverteilung** zwischen Kapitalgebern und Management, andererseits gibt es **Kapitalmarktfriktionen**, die z.T. in der Mikrostruktur des Marktes zu suchen sind.

2.2 Informationsverarbeitung und Informationsbewertung auf effizienten Kapitalmärkten

Die Information „bevorstehende Kapitalerhöhung“ verursacht eine Kurswirkung. Aus den beiden oben genannten Gruppen von Marktunvollkommenheiten und Restriktionen werden in Kapitel 3.1 Erklärungsansätze für mögliche Aktienkursreaktionen abgeleitet, denen in Kapitel 3.3 ausgewählte empirische Untersuchungen zu Kapitalmarktreaktionen auf die Begebung neuer Aktien gegenübergestellt werden. Dazu muß zunächst

---

15 Stock Splits ändern die Kapitalstruktur nicht und haben deshalb in der neoklassischen Betrachtung a priori keine Relevanz.

16 Vgl. PADBERG (1995), S. 56-157. Padberg stellt ausführlich verschiedene Hypothesen und zugehörige Einflußfaktoren zur Erklärung des Preisverhaltens von Aktien bei der Ankündigung von Kapitalerhöhungen dar, die sich aus Marktunvollkommenheiten ableiten lassen. Die vorgestellten Hypothesen werden durch eine sehr umfassende Auswertung der Literatur und entsprechende Zitate gestützt.

17 Padberg unterscheidet nur in Barkapitalerhöhungen (KEgBE) und Nominalkapitalerhöhungen (KEaGM). Da Stock Splits genau wie KEaGM die Kapitalstruktur nicht verändern, sind sie in der Klassifikation Padbergs zu den Nominalkapitalerhöhungen zu zählen.

jedoch die Theorie effizienter Märkte beschrieben werden, denn erst sie schafft die notwendige empirische Ausgangsbasis für die Messung von Informationseffekten.
Die Theorie informationseffizienter Kapitalmärkte wurde in der neoklassischen Finanzierungstheorie zusammen mit den Ansätzen zur Bewertung risikobehafteter Wertpapiere ein zum Paradigma erhobener Grundsatz[18]. Sie entwickelte sich aus den Irrelevanz-Hypothesen von Modigliani/Miller und den Theorien von Tobin und Markowitz zur Portfolio-Selektion.

2.2.1 Die Effizienzhypothese von Fama

Das Konzept der Informationseffizienz geht auf Fama zurück[19]. Fama definiert: „A market in which prices always ‚fully reflect' available information is called 'efficient'".[20] Das „fully reflect" ist dann erreicht, wenn die Preise ohne zeitliche Verzögerung so auf neue Informationen reagieren, als wenn alle Investoren diese Information zum gleichen Zeitpunkt erhielten und entsprechend disponierten.[21] Fama nennt folgende hinreichende Bedingungen für das Bestehen eines solchen informationseffizienten, vollständig transparenten Marktes:[22]

1. Es gibt keine Transaktionskosten und Steuern.
2. Alle Informationen sind sämtlichen Marktteilnehmern kostenlos verfügbar.
3. Alle Marktteilnehmer haben homogene Erwartungen in Hinblick auf die gegenwärtigen und zukünftigen Implikationen von Informationen, wie es das CAPM voraussetzt; d.h. überall herrscht die gleiche Einschätzung der Wirkung der Informationen.
4. Alle Marktteilnehmer handeln rational.

Werden diese Bedingungen erfüllt, ist die Differenz zwischen den zu beobachtenden Aktienkursen und dem tatsächlichen Wert einer Aktie gleich Null. Für Anleger ist es unter diesen theoretischen Bedingungen unmöglich, durch zusätzliche Informationen systematische, langfristige Überrenditen zu erzielen.[23]

2.2.1.1 Informationsparadoxon

Da die Informationssuche in der Realität jedoch Kosten verursacht, würden die Investoren keine Informationsauswertung mehr betreiben, wenn sie sowieso keinen Nutzen daraus ziehen können. Dies führt zum Informationsparadoxon, da die Informations-

---

[18] Hier ist v.a. das von Sharpe und Lintner entwickelte Capital-Asset-Pricing-Modell (CAPM) zu nennen.
[19] Vgl. FAMA (1970), S. 383-417.
[20] FAMA (1970), S. 383.
[21] Vgl. FRANKE/HAX (1994). Vgl. auch die Ausführungen zu den rationalen Preisen aus Kapitel 2.1.1.
[22] Vgl. FAMA (1970), S. 387; Fama unterstellt explizit nur die drei ersten Prämissen. Die vierte ergibt sich implizit aus seinen Ausführungen.
[23] Vgl. KRÄMER (1995), Sp. 1135; SÜCHTING (1995), S. 396.

auswertung andererseits Voraussetzung für die Informationseffizienz nach den Kapitalmarktmodellen ist.[24]

Die Lösung von Hellwig geht von einem dynamischen Kommunikationsmodell des Marktes aus, bei dem die anfänglich uninformierten Anleger ihre Informationen erst aus den Gleichgewichtspreisen tatsächlicher Transaktionen ziehen.[25] Die informierten Anleger, die sich Informationen „gekauft" haben, können die Informationen somit ausnutzen, ehe sie die anderen Marktteilnehmer aus dem Preis ablesen können. Bei kleiner Periodenlänge ist der Markt „nicht vollkommen", aber „beinahe" informationseffizient, da einerseits die Informationen zwar schon im Kurs enthalten, aber noch nicht von allen Marktteilnehmern ausgenutzt sind, andererseits der Informationsvorsprung der informierten Anleger in jeder Periode gering ist. Nach diesem Modell sind die Anleger somit im Gleichgewicht bereit, Ressourcen zur Beschaffung von Informationen aufzuwenden.

2.2.1.2 Abgeschwächte Effizienzhypothese

Ein friktionsloser Markt, in welchem Informationen allen Marktteilnehmern gleichzeitig und kostenlos zur Verfügung stehen, und auf dem die Investoren die Informationen identisch verarbeiten, ist in der Realität nicht zu erwarten. Es existieren vielmehr neben Informations- auch Transaktionskosten sowie heterogene Informationsverarbeitung[26] für die einzelnen Marktteilnehmer. Nach Fama können diese Kapitalmarktfriktionen potentiell, aber nicht unbedingt real, die Markteffizienz beeinflussen. Daraus ergibt sich eine abgeschwächte Effizienzhypothese, die besagt, daß die Preise die Informationen bis zu dem Punkt „korrekt" widerspiegeln, wo die Grenzkosten der Informationsgewinnung die Grenzgewinne übersteigen.[27]

2.2.1.3 Abgrenzung des Informationsgehaltes, joint-hypothesis Problematik, methodische Probleme

Bei der abgeschwächten Hypothese stellt sich somit die Frage nach den sachgerechten Informationskosten und Informationsgewinnen. Hinzu kommen selbst bei der ur-

[24] Vgl. MÖLLER (1985), S. 500. Ein Teil der Marktteilnehmer erkennt aufgrund seiner Informationen Unter- oder Überbewertungen und erteilt daraufhin Kauf- bzw. Verkaufsaufträge. Erst wenn diese Informationsauswertung sehr viele Marktteilnehmer vornehmen, passen sich die Preise effizient an den veränderten Informationsstand an. Vgl. FRANKE/HAX (1994), S 392.

[25] Vgl. HELLWIG (1982), S. 1-27. Hellwig widerlegt die These von Grossman und Stiglitz, daß der Kapitalmarkt nicht einmal annähernd informationseffizient sein kann, wenn die Beschaffung von Information Kosten verursacht.

[26] Daß selbst institutionelle Anleger keine homogenen Erwartungen haben, zeigt sich in oft unterschiedlichen Handlungsempfehlungen diverser Ratingagenturen zum gleichen Wertpapier.

[27] Vgl. FAMA (1991), S. 1575. Getestet werden soll aber nach wie vor die extreme Effizienzhypothese, da sie eine definierte „benchmark" darstellt. Bei Abweichungen von der erwarteten Rendite können dann immer noch die Informationskosten mit einbezogen werden, um zu testen, ob auch dann noch eine Überrendite verbleibt. Ist dies nicht der Fall, gilt der Markt im Sinne der abgeschwächten Definition als informationseffizient.

sprünglichen, extremen Hypothese nicht endgültig gelöste Methodenprobleme: Wann ist Information „available", für wen ist sie verfügbar und vor allem, wie groß ist ihr Informationsgehalt? Wie ist die „Information", von der man prüfen möchte, ob sie in Kursen „fully reflected" ist von anderen Informationen abzugrenzen?[28] und wie ist die „risikoangepaßte Normalverzinsung" zu bestimmen, die nach der Effizienzhypothese nicht systematisch zu überbieten ist.[29] Der letzte Punkt verweist auf ein besonders schwerwiegendes Problem bei der empirischen Überprüfung von Kapitalmarkteffizienz, das joint-hypothesis Problem (vgl. Kapitel 3.2.3).

Aus den genannten Problemen erkennt man, daß bei der Aufstellung von Hypothesen zur Erklärung von Kurseffekten darauf geachtet werden muß, das zu untersuchende Ereignis exakt zu definieren und von anderen Einflüssen zu bereinigen. Die Validität der durchgeführten Tests ist dabei ebenso wichtig ist, wie die Frage nach der Markteffizienz.

2.2.2 Stufen der Informationseffizienz

Die in Kapitel 2.2.1 genannten Bedingungen sind nach Famas Auffassung hinreichende, aber nicht zwingend notwendige Voraussetzungen für einen effizienten Kapitalmarkt.[30] Je nach Zugänglichkeit und Umfang der verarbeiteten Informationen unterscheidet Fama drei Stufen der Informationseffizienz, die getestet werden können.[31]

Es handelt sich dabei nicht um unterschiedlich restriktiv angelegte Tests, sondern um Tests unterschiedlich streng formulierter Hypothesen bezüglich der „Relevanz der Information", wie sie in der Definition der Informationseffizienz beschrieben ist.[32]

1. Bei Tests auf strenge Informationseffizienz wird der Frage nachgegangen, ob Insider ihren Wissensvorsprung zu Kursgewinnen ausnützen können oder ob sämtliche, auch nur wenigen Marktteilnehmern zugänglichen, bewertungsrelevanten Informationen im Kurs berücksichtigt sind.
2. Halb-strenge Effizienz testet, ob sämtliche öffentlich zugänglichen bewertungsrelevanten Informationen im Kurs berücksichtigt sind und der Preis sich effizient den bekannten Informationen (z.B. einem Stock Split) anpaßt oder ob aus der systematischen Auswertung dieser Informationen (wie bei der Fundamentalanalyse) Überrenditen erzielt werden können.
3. Die schwache Form der Informationseffizienz liegt vor, wenn sämtliche Informationen über historische Preise bzw. Kurse im aktuellen Kurs verarbeitet sind.

---

[28] So werden Kapitalerhöhungen und Stock Splits in Deutschland oftmals zusammen mit anderen Unternehmensinformationen auf Bilanzpressekonferenzen bekanntgegeben.

[29] Vgl. SCHMIDT/TERBERGER (1997), S. 217.

[30] Vgl. FAMA (1970), S. 387. Zur Koexistenz von Informationskosten und Informationseffizienz vgl. auch das Modell von HELLWIG (1982), S. 1-27.

[31] Vgl. FAMA (1970), S. 383.

[32] Vgl. KRÄMER (1995), Sp. 1138 und OEHLER (1995), S. 277.

Dann kann sich auch kein Anleger Kursvorteile aus historischen Kursverlaufsbildern, wie sie im Rahmen der Chart-Analyse benutzt werden, verschaffen.

Fama selbst bedient sich mittlerweile einer moderneren Terminologie[33] und unterscheidet in:

1. „**Tests of return predictability**"; hierzu zählen nicht mehr nur Untersuchungen, ob alle Informationen über historische Preise in den Wertpapieren reflektiert sind, sondern auch Tests von Finanzmarktmodellen, -anomalien (Saisonalitäten, u.a.), des Einflusses von Zinssätzen, Dividendenzahlungen u.ä. auf die Renditen.[34]
2. "**Event Studies**"[35]; sie gehen der Frage nach, ob allgemein verfügbare Informationen in den Wertpapierpreisen enthalten sind und wie sie verarbeitet werden.
3. "**Tests for private information**" entsprechen weitgehend den Tests der strengen Form der Informationseffizienz.

Die Verifikation der Effizienzhypothese wird vornehmlich mittels „Ereignisstudien" durchgeführt, die die Konsequenzen von öffentlich bekannt gemachten Ereignissen untersuchen.[36] Im Hinblick auf die von Fama vorgenommene Klassifizierung, sind die Untersuchungen von Kursreaktionen nach Ankündigung von KEaGM und Stock Splits eine Überprüfung der halb-strengen Form der Informationseffizienz.

Darauf beruht auch ein Großteil der hier untersuchten Arbeiten. Ist der Markt effizient, werden alle Konsequenzen sofort unmittelbar nach Bekanntwerden des Ereignisses im Kurs reflektiert. Nur zu diesem Zeitpunkt sind systematisch von Null abweichende Preisänderungen zu erwarten, der Preis springt schlagartig auf den neuen Gleichgewichtskurs ohne daß ein Marktteilnehmer davon profitieren kann. Darin liegt die Informationswirkung des Ereignisses begründet. Ist in den Tagen nach dem Informationszugang noch eine systematisch von Null abweichende Preisänderung zu beobachten, so stellt dies ein Indiz für eine verzögerte Informationsverarbeitung des Kapitalmarktes dar, und die Hypothese eines informationseffizienten Kapitalmarktes kann verworfen werden. Falls es zu einer verzögerten Informationsverarbeitung in Form eines time-lag zwischen Ereignis und Kursanpassung kommt, könnte dies in der Mikrostruktur des Marktes begründet liegen.[37]

---

33 Vgl. FAMA (1991), S. 1577.

34 Vgl. OEHLER (1995), S. 277.

35 Der Begriff wird im folgenden auch in der deutschen Übersetzung „Ereignisstudien" verwendet.

36 FAMA/FISHER/JENSEN/ROLL (1969) haben als erste mit einer Event study den Einfluß von Aktiensplitts auf das Kursverhalten untersucht.

37 Vgl. Kapitel 2.3.

2.2.3 Das Konzept des Random Walk

Aus der Tatsache, daß der Preis die verfügbaren Informationen auf einem informationseffizienten Markt voll reflektiert, wurde die Hypothese abgeleitet, daß aufeinanderfolgende Preisänderungen unabhängig seien.[38] Die Kurse schwanken nach der Random Walk Hypothese beim Auftreten von neuen Informationen nur zufällig um Ihren inneren Wert, da die Anleger unterschiedliche Ansichten über den Kurs und den inneren Wert haben.[39] Je nachdem wie korrekt die Wichtigkeit der Informationen aufgenommen wird, kann es zu einer Über- oder Unteranpassung der Kurse kommen, die aber genauso zufällig ist, wie der time-lag bei der Anpassung.

Wird zusätzlich angenommen, daß aufeinanderfolgende Renditen gleichverteilt sind und der Erwartungswert der Kursänderungen Null ergibt ($E(e_t=0)$), dann kann der künftige unsichere Kurs $\widetilde{K}_{t+1}$ nach der Random Walk Hypothese aus dem gegenwärtigen Kurs K_t plus der Realisierung einer Zufallsvariablen e_t zusammengesetzt werden:

$$\widetilde{K}_{t+1} = K_t + e_t$$

Die Random Walk Hypothese impliziert Informationseffizienz im schwachen Sinn, da Kurse, die einem Zufallspfad folgen, immer unabhängig von der Vorgeschichte des Marktes sein müssen. Dies kann durch das „Zeitreihenverhalten der Renditen" getestet werden. Sind die Autokorrelationskoeffizienten der Renditen größer als durch Zufall erklärbar, kann die Random Walk Hypothese und auch die Effizienzhypothese abgelehnt werden[40].

Die Random Walk Hypothese kann aber nicht mit dem Konzept der Informationseffizienz gleichgesetzt werden, da der Umkehrschluß nicht möglich ist. Das Verlassen eines Zufallspfads, das in zahlreichen Untersuchungen bestätigt wurde[41], bedeutet demnach noch nicht, daß bei Berücksichtigung von Transaktionskosten eine Ineffizienz des Marktes nachgewiesen werden kann.[42]

2.2.4 Kritische Würdigung und Schlußfolgerung

Die Hypothesen zur Informationseffizienz und des Random Walk sehen sich einer wachsenden Kritik ausgesetzt. So zitiert Dette eine Reihe von Untersuchungen, die sich gegen die Gültigkeit des Random Walk und in der Folge auch der Informationseffizienz aussprechen. Er konstatiert, daß die Random Walk Hypothese kein zutreffendes Beschreibungsmodell für die Aktienkursbildung am deutschen Aktienmarkt darstellt.[43]

---

[38] Vgl. FAMA (1970), S. 386.

[39] Vgl. PERRIDON/STEINER (1993), S. 206.

[40] Vgl. KRÄMER (1995), Sp. 1139.

[41] Für einen Überblick über weitere derartige Untersuchungen vgl. MÖLLER (1985), S. 507, DETTE (1998), S.59.

[42] Vgl. KRÄMER (1995), Sp. 1141; FRANKE/HAX (1994), S. 394.

[43] Anleger benutzen u.a. historische Kursinformationen zur Trendextrapolation, vgl. DETTE (1998), S. 62.

Fama selbst geht auch nicht von einer uneingeschränkten Richtigkeit der Random Walk Hypothese aus, verweist aber darauf, daß Abweichungen von der Hypothese Einblicke in das Marktumfeld und die Mikrostruktur geben können.[44] Auch wenn die empirische Kapitalmarktforschung bisher keine endgültige Klärung zur Gültigkeit der Effizienzhypothese[45] bringen konnte und methodische Probleme existieren, so wird die Informationseffizienzhypothese bis heute als die beste mit der Empirie in Einklang zu bringende ökonomische Theorie gesehen und hat dazu beigetragen, daß die neoklassische, marktorientierte Sichtweise so weithin akzeptiert worden ist.[46]
Nachdem Fama schon Abweichungen vom Random Walk auf das Marktumfeld zurückführte, haben neuere Untersuchungen zu Stock Splits in den USA die Kursreaktionen am Ex-Tag als Phänomen der Marktmikrostruktur betrachtet.[47] Da die Auswirkungen der Marktmikrostruktur auf Splits und KEaGM auch in dieser Arbeit untersucht werden sollen, wird sie hier kurz vorgestellt.

2.3 Marktmikrostruktur am Kapitalmarkt

2.3.1 Gegenstand der Marktmikrostrukturforschung

Die Marktmikrostrukturforschung untersucht einerseits die Verhaltensweisen der Akteure an den Börsen, um die Preisbildung besser zu verstehen. In der neoklassischen Betrachtungsweise wurde das Verhalten der Marktteilnehmer entweder in Annahmen oder Axiomen fixiert oder im Rahmen von Untersuchungen zum Marktverhalten ausgeklammert. Dies ist jedoch problematisch, da der Informationsverarbeitungsprozeß der Marktteilnehmer eine nicht unwesentliche Rolle für das Zustandekommen von Kursen spielt.[48] Dafür sucht die experimentelle Finanzmarktforschung kausale Erklärungen.[49] Mit Gleichgewichtsmodellen wiederum versucht man z.B. Determinanten für die Höhe der Geld-Brief-Spannen zu eruieren[50] oder den Wert von Informationen für Insider zu bestimmen.[51]

---

44 Vgl. FAMA (1970), S. 396-398.

45 Die Effizienzhypothese ist jedoch alleine deshalb plausibel, weil jede Gegenhypothese wenig plausibel ist: könnten Kursänderungen aufgrund irgendwelcher Informationen systematisch vorausgesagt werden und dadurch dem, der die Kursänderungen voraussagt, Gewinne einbringen, so fänden sich schnell Nachahmer und die Gesetzmäßigkeiten, auf denen die überdurchschnittlichen Gewinne beruhen, würden außer Kraft gesetzt. Vgl. SCHMIDT/TERBERGER (1997), S. 218.

46 Vgl. SCHMIDT/TERBERGER (1997), S. 211.

47 Vgl. CONRAD/CONROY (1994), S. 1507-1509.

48 Vgl. DETTE (1998), S. 65.

49 Vgl. OEHLER (1995).

50 Die hängt u.a. von der Risikoprämie für die Bestandhaltung ab, die um so kleiner ist, je höher die Liquidität des Marktes ist. Vgl. FRANKE (1993), S. 397.

51 In seinem Gleichgewichtsmodell unterscheidet Kyle Market-Maker, Liquiditätshändler und Insider. Die Insider verfügen über Kaufaufträge, wenn sie das Papier für unterbewertet halten. Erteilen sie große Aufträge, so wird der Market-Maker dies als Signal für eine Wertänderung der Aktie auffassen und den Preis und seine Prämie gegen Insiderrisiken erhöhen. Deshalb werden Insider kleine Orders erteilen, die durch die zufallsbedingten Order der Liquiditätshändler zusätzlich verdeckt werden. Erst am Ende dieses Prozesses sind alle neuen Informationen im Kurs verarbeitet. Vgl. KYLE (1985), S. 1315.

Andererseits wird der Einfluß der Börsenorganisation auf das Verhalten der Akteure erforscht.[52] Hierbei werden vorhandene Börsensysteme auf ihre Effizienz hin getestet.

2.3.2 Einfluß der Marktmikrostruktur auf die Kursbildung

Die Börsen haben die Aufgabe, Kauf- und Verkaufsaufträge der Marktteilnehmer möglichst kostengünstig zusammenzubringen. Damit erfüllen sie eine Allokations-, Bewertungs-, sowie Marktbildungsfunktion. Eine Allokation der Finanzmittel in die produktivsten Kapitalanlagen kann nur aufgrund einer korrekten Bewertung der Finanzmittel erfolgen. Das setzt aber voraus, daß die Kurse unverzüglich auf neue bewertungsrelevante Informationen reagieren.[53] Erst wenn die Börsen diese Funktion gewährleisten, kann Informationseffizienz erreicht werden, wie sie in Kapitel 2.2.1 beschrieben wurde. Dazu schließlich muß die Börsenorganisation effizient im operativen Sinne sein, d.h. die Marktteilnehmer müssen kostenlos und unverzüglich Orders erteilen und überwachen können.
Börsen sind nicht einheitlich organisiert. Verschiedene Mikrostrukturen kommen hauptsächlich durch unterschiedliche Handelsregeln zum Ausdruck:

- Bezüglich der Marktform unterscheidet man in Market-Maker-Börsen und Börsen, in denen Kursmakler aus einer Vielzahl von Kauf- und Verkaufsaufträgen nach dem Auktionsprinzip Kurse errechnen. Market-Maker verpflichten sich, jeweils einen Kurs zu nennen, zu dem sie bereit sind Aktien zu kaufen (bid) und zu verkaufen (ask). Die aktive Teilnahme der Market-Maker am Geschehen auf den Märkten verbessert deren Liquidität, was ihnen durch die Spanne zwischen Ankaufs- und Verkaufskurs, den sogenannten Bid-Ask-Spread, entgolten wird.[54]
- Was die Preisfeststellung angeht, wird in Märkte unterschieden, die nach dem Auktionsprinzip mit Einheitskurs organisiert sind (Call Markets) und Märkte, auf denen ein fortlaufender Handel stattfindet.
- Darüber hinaus unterscheidet man Computerhandel und Präsenzhandel.

Für die Segmentierung spielte anfänglich das Handelsverfahren eine große Rolle. Die Aktien sollten nach dem Verfahren gehandelt werden, das dem Umsatzvolumen am besten entsprach. Heute tritt die marktgerechte Differenzierung durch unterschiedliche Zugangserfordernisse bei der Segmentbildung mehr in den Vordergrund.[55] Durch die moderne Informationstechnologie und die damit einhergehende weltweite Vernetzung von Märkten verschärft sich der Wettbewerb der Börsenplätze zusehends. Um im

---

52 Vgl. FRANKE (1993), S. 389.

53 Vgl. UNSER/OEHLER (1997), S. 367.

54 Vgl. SÜCHTING (1995), S. 65.

55 Vgl. BITZ/SCHMIDT (1997), S. 26; DEUTSCHE BÖRSE (1999a).

Wettbewerb zu bestehen, setzen viele Börsen auf elektronische Handelssysteme. Durch sie soll die Kosteneffizienz, Leistungsfähigkeit und Liquidität des Handels gesteigert werden.[56]
Inwieweit die Börsen diesen Anforderungen gerecht werden, muß anhand der operativen Effizienz beurteilt werden. Sie ist besser in der Lage alternative Handelsverfahren zu vergleichen, als die „makroökonomischen" Faktoren, Allokations-, Bewertungs- und Informationseffizienz.[57]

Der Einfluß der Marktform auf das Preisverhalten von Aktien wurde erstmals von Amihud und Mendelson an der NYSE empirisch untersucht. Der Eröffnungskurs wird dort in einer Auktion festgestellt, während die Schlußkurse durch Market-Maker festgesetzt werden.[58] Die Autoren haben dazu auch ein Preisbildungsmodell aufgestellt.
Der Unterschied zwischen dem inneren Wert und dem gehandelten Preis für eine Aktie ist Rauschen. Amihud und Mendelson machen dafür zum Teil das Handelsverfahren verantwortlich. Sie stellen ein einfaches Modell für das Angleichen des Preises an den inneren Wert bei vorhandenem Rauschen auf. Bei Über- oder Unterbewertung von neuen Informationen pendelt der Preis um den inneren Wert. Die Varianz und Autokorrelation der Renditen hängen vom Angleichkoeffizienten g ab. $g > 1$ bedeutet eine Überreaktion auf neue Informationen, was eine höhere Varianz zur Folge hat, $g < 1$ eine Unterreaktion, was die Varianz mindert. Das Rauschen und eine Überreaktion der Preise beeinflussen den Autokorrelationskoeffizienten negativ.
Die Theorie geht davon aus, daß die Market-Maker die Varianz abdämpfen, indem sie Überschüsse in Ihr Depot nehmen, die Preise stückweise anpassen, an Handelsregeln („Kontinuitätsgebot") gebunden sind und durch die fortlaufende Veröffentlichung von Quotes zur Markttransparenz beitragen. Dem wird entgegengehalten, daß die Bid-Ask-spreads noise verursachen und durch die Zusammenführung von Orders in der Auktion die Preisvarianz verkleinert wird. Deshalb muß empirisch getestet werden, welcher Effekt überwiegt.
Die empirischen Ergebnisse haben eine größere Varianz im Kassahandel ergeben. Daß trotzdem große Umsätze in der Eröffnungsauktion getätigt werden, kann daran liegen, daß im Kassahandel

1. bei Setzen eines Limits auch Preise erzielen werden können, die besser als das Limit sind.
2. viel mehr Orders zusammenkommen und dadurch die Gefahr, daß man mit seiner Order auf einen Insider trifft, abnimmt.
3. die Kosten des Bid-Ask Spread vermieden werden.

[56] Vgl. DEUTSCHE BÖRSE (1999), S. 5.
[57] Vgl. UNSER/OEHLER (1997), S. 368.
[58] Vgl. AMIHUD/MENDELSON (1987), S. 533-555.

Die Autokorrelationsmessungen decken eine größere Abhängigkeit von vergangenen Renditen bei den Kassakursen auf, was im Modell mit einer Überreaktion auf neue Informationen erklärt wird; dies legt eine Abweichung von der Random Walk Form nahe.
Hier muß aber angemerkt werden, daß diese Überreaktion auch auf das Verhalten der Anleger zurückgehen könnte, die evtl. morgens „ungeduldig" darauf warten, auf neue Informationen reagieren zu können. Beim Handel während des Tages sind dagegen viel weniger Informationen im Spiel. Deshalb müßten die unterschiedlichen Handelsverfahren zum gleichen Zeitpunkt getestet werden.
Beim Bid-Ask-Spread haben Amihud und Mendelson in Übereinstimmung mit ihrem Modell festgestellt, daß mit größerem Spread auch die Varianz von Schlußkurs zu Schlußkurs ansteigt und der „Kassavarianz" der Eröffnungskurse näher kommt. Dies könnte einen Teil des Varianz-Anstiegs erklären, den Ohlson und Penman bei Stock Splits festgestellt haben. Da dieser Einfluß des Spread erst am Ex-Tag zum Tragen kommt, deckt sich das auch mit Ohlsons Beobachtung, daß es der tatsächliche Split ist, der die Volatilität beeinflußt und nicht die Ankündigung des Splits.

Im Zusammenhang mit der unten vorgestellten Liquiditätshypothese kann untersucht werden, welchen Einfluß die Mikrostruktur von Aktienmärkten auf die Kursentwicklung im Umfeld von KEaGM und Splits hat. Dazu hier zwei Beispiele:

1. Aus der spezifischen Mikrostruktur eines Marktes können Meßprobleme bei der Feststellung der Überrenditen erwachsen, denen keine realen Gewinnzuwächse gegenüberstehen. Auf dem US-Aktienmarkt, der nach dem Market-Maker-Prinzip organisiert ist, beträgt die Tickgröße 1/8 $.[59] Bei Halbierung der Kurse durch einen 1:1 Split, verdoppelt sich der Teil der prozentualen Kursschwankung, der auf Zufälligkeiten in der Kursfeststellung beruht.[60] Außerdem steigen die prozentualen Geld-Brief-Spannen an.[61] Beides führt zu einem Anstieg der Volatilität. Für den deutschen auktionsbasierten Markt bieten diese Hypothesen allerdings keinen Erklärungsgehalt. Ohlson und Penman haben Hinweise, daß es auch am US-Markt neben dem Bid-Ask-Spread weitere Ursachen für einen Volatilitätsanstieg geben muß.

2. In einigen Untersuchungen zu Aktiensplitts ist eine Senkung des Umsatzvolumens festgestellt worden.[62] Hier setzt das Kursprozeß-Liquiditätsmodell von KASERER /MOHL (1998) an: ein Teil der Informationen wird darin bei allen Investoren gleich verarbeitet, ein anderer Teil jedoch nicht, was sich in einem zusätzlichen Störterm bei der Ermittlung des individuellen Reservationspreises ausdrückt. Mit der Zahl der Investoren soll auch das Umsatzvolumen ansteigen. Im Ergebnis fällt nach diesem Model-

[59] Vgl. SCHWARTZ (1991), S. 125.

[60] Vgl. OHLSON/PENMAN (1985), S. 262.

[61] Vgl. COPELAND (1979), S. 129.

[62] Es gibt aber auch Untersuchungen, die einen gegenteiligen Effekt festgestellt haben, vgl. dazu auch KASERER/MOHL (1998), S. 422.

lansatz die Varianz der Rendite mit steigender Marktteilnehmerzahl. Die Rendite selbst wird von der Liquidität des Marktes nicht beeinflußt. Hier muß aber kritisch auf die Arbeiten von Amihud et al. verwiesen werden, aus denen ein positiver Zusammenhang zwischen Liquidität und Rendite hervorgeht.[63] Das Modell von Amihud et al. deckt sich mit den Gleichgewichtsmodellen zur Mikrostruktur, die c.p. von einer kleineren Risikoprämie für die Bestandhaltung und damit einer höheren Rendite ausgehen, wenn die Liquidität des Marktes steigt.[64] Die Widersprüche zeigen, daß theoretische Analysen zur Liquidität und Volatilität nur unter sehr restriktiven Annahmen eine Entscheidung über die Vorteilhaftigkeit bestimmter Marktstrukturen erlauben. Deswegen ist man auf empirische Studien angewiesen.

2.3.3 Verbindungen zwischen Kapitalmarkteffizienzuntersuchungen und Marktmikrostrukturbetrachtungen

Es gibt zahlreiche Verbindungen zwischen den Effizienzuntersuchungen und Marktmikrostrukturüberlegungen. Wie die obigen Ausführungen gezeigt haben, muß z.B. die Liquiditätstheorie auch aus Sicht der Mikrostrukturforschung behandelt werden, ansonsten lassen sich keine befriedigenden Erklärungsansätze finden.

Eine strikte Trennung von Untersuchungen zum Einfluß der Mikrostruktur und Effizienzuntersuchungen halte ich auch schon aus praktischen Gründen für nicht angebracht. Da den empirisch beobachteten Überrenditen immer eine gegebene Mikrostruktur des Marktes zugrunde liegt, ist es nicht möglich, exakt zu trennen, inwieweit die Überrenditen z.B. der angenommenen Signalhypothese zugeordnet werden und welcher Anteil auf die Mikrostruktur des Marktes zurückgeht.

Um hier eine Trennung herbeizuführen, müßte man parallel zwei Börsen betrachten, die eine unterschiedliche Mikrostruktur aufweisen, und auf denen die gleiche Anzahl von Marktteilnehmern die gleichen Papiere handelt und die selben Informationen erhält, ohne daß zwischen den Börsen untereinander Informationen ausgetauscht werden können. Dies ist aber auf realen Börsen nicht möglich. Klärung könnte hier allenfalls die experimentelle Kapitalmarktforschung bringen.

Eine Verbindung zwischen Mikrostruktur und der in Kapitel 2.2 beschriebenen Informationseffizienz ergibt sich durch den Informationsverarbeitungsprozeß. Dessen Ablauf hängt stark von der Mikrostruktur des Marktes ab. So können z.B. informierte Anleger sowohl in Märkten nach dem Auktionsmodell, als auch in Market-Maker-Börsen Überrenditen erzielen. Dies geschieht jedoch zum einen direkt zu Lasten der uninformierten Anleger zum anderen über den Umweg der market maker, die die Verluste aus dem Handel mit den informierten Anlegern durch Gewinne aus dem Handel mit unin-

---

[63] Vgl. AMIHUD/MENDELSON (1987) und AMIHUD/MENDELSON/LAUTERBACH (1997).

[64] Vgl. hierzu Fußnote 51.

formierten Anlegern kompensieren. Unterschiedliche Abläufe führen demnach letztendlich zum gleichen Ziel.[65]

Die Auswirkungen von Informationsverfügbarkeit und –verarbeitungsgeschwindigkeit in Abhängigkeit vom Marktsegment (Mikrostruktur) lassen Schlüsse auf die Informationseffizienz zu. Wenn man einen time-lag bei der Informationsverarbeitung berücksichtigt und zuläßt, erhält die Effizienzhypothese eventuell wieder Gültigkeit, obwohl sie im strengen Sinn verworfen werden müßte. Die Marktmikrostruktur kann hier bei der Abgrenzung behilflich sein.

2.4 Institutionelle Voraussetzungen für Kapitalerhöhungen aus Gesellschaftsmitteln und Stock Splits

Viele der Erklärungsansätze für Überrenditen im Umfeld von Splits und KEaGM wurden für den US-Markt entwickelt. Die rechtlichen Regelungen über die Ausgestaltung von Stock Splits und KEaGM unterscheiden sich jedoch in Deutschland und den USA. Deshalb müssen die dortigen Rahmenbedingungen gegenüber den deutschen abgegrenzt werden, um dadurch Grenzen und Möglichkeiten des Vergleichs von Untersuchungsergebnissen aus beiden Märkten aufzuzeigen.

2.4.1 Die verschiedenen Arten von Kapitalmaßnahmen

Das Aktiengesetz unterscheidet unter der Rubrik „Maßnahmen der Kapitalbeschaffung" vier Formen der Kapitalerhöhung. Bei der ordentlichen Kapitalerhöhung[66] wird das Grundkapital der Gesellschaft um den Nennwert aller jungen Aktien erhöht und das Emissionsagio in die Kapitalrücklagen eingestellt.[67] Das gleiche gilt, wenn die HV der Schaffung eines genehmigten Kapitals[68] oder einer bedingten Kapitalerhöhung[69] zustimmt und die damit verbundene Kapitalerhöhung auch tatsächlich durchgeführt wird[70].

2.4.1.1 Kapitalerhöhungen aus Gesellschaftsmitteln

Diese vierte Form der Kapitalbeschaffung ist in den §§ 207 bis 220 AktG geregelt. Durch Beschluß der Hauptversammlung kann die Kapitalrücklage und Gewinnrücklagen in Grundkapital umgewandelt werden. Die dabei geschaffenen neuen Aktien fallen

---

65 Vgl. FRANKE/HAX (1994), S. 405.
66 Im Aktiengesetz unter dem Titel „Kapitalerhöhung gegen Einlagen" in den §§ 181-191 AktG geregelt.
67 Vgl. FRANKE/HAX (1994), S. 523.
68 Geregelt in den §§ 202-206 AktG.
69 Geregelt in den §§ 192-201 AktG.
70 Vgl. BRAKMANN (1993), S. 13.

den bisherigen Aktionären gemäß ihrer Beteiligungsquote zu (Berichtigungsaktien oder „Gratisaktien“[71]), das Eigenkapital der AG ändert sich nicht. Aus Sicht der Kapitalmarkttheorie handelt es sich demnach um eine rein kosmetische Maßnahme.

Gebhardt/Entrup/Heiden haben im Rahmen ihrer Untersuchungen zu KEaGM festgestellt, daß in 80 % der Fälle ausschließlich Gewinnrücklagen aufgelöst wurden[72]. In fast allen anderen Fällen wurden lauter Kapitalrücklagen aufgelöst.

2.4.1.2 Stock Splits

Eine Vergrößerung der Zahl der Aktien bei unverändertem Eigenkapital kann auch durch eine Herabsetzung der Nennwerte erreicht werden. Solche Aktiensplitts treten bei deutschen Unternehmen selten, und dann meist zeitlich geballt auf, wenn der Gesetzgeber die Mindestnennwerte herabsetzt. Eine Herabsetzung der Mindestnennwerte hat es in der Geschichte der Bundesrepublik Deutschland erst zweimal gegeben, 1966 als der Mindestnennwert von 100 DM auf 50 DM herabgesetzt wurde und 1994, als im Rahmen des zweiten Finanzmarktförderungsgesetzes der Nennwert von 50 DM auf 5 DM herabgestuft wurde.[73] Die Ballung von solchen Ereignissen bietet die Möglichkeit zu Untersuchungen, die nicht zu sehr von langfristigen Einflüssen des Anlegerverhaltens oder der Makroökonomie beeinflußt sind. Die Einführung der 5 DM Aktie setzte auch in Deutschland Forschungsaktivitäten zur Untersuchung der Kursentwicklung im Umfeld von Aktiensplitts in Gang. Daraus resultieren z.B. die Arbeiten von KASERER /MOHL (1998) oder WULFF (1999).

2.4.2 Stock Splits und Stock Dividends in den USA

Die den beiden hier untersuchten Kapitalmaßnahmen ähnlichen Sachverhalte werden in den USA unter dem Oberbegriff Stock Distributions dargestellt. Die Ausgabe neuer Aktien bei gleichzeitiger Reduktion des Nennwerts der alten Aktien wird als (pure) Stock Split bezeichnet. Anders als in Deutschland müssen die amerikanischen Aktien keinen Nennwert tragen. Deshalb ist es dort leichter möglich, Aktiensplitts durchzuführen[74] und entsprechend ist diese Finanzierungsentscheidung in den USA weitaus geläufiger als hierzulande.

---

[71] Die ausgegeben Zusatzaktien werden vielfach fälschlicherweise auch als Gratisaktien bezeichnet. Dabei wird aber übersehen, daß die ursprüngliche Aktien durch die Kapitalumschichtung einen Wertverlust erleiden und die Aktionäre keine Vermögenszuwachs verzeichnen können. Vgl. auch PERRIDON/STEINER (1993), S. 299 und SÜCHTING (1995) S. 95.

[72] Vgl. GEBHARDT/ENTRUP/HEIDEN (1994), S. 311.

[73] Vgl. ZWEITES FINANZMARKTFÖRDERUNGSGESETZ (1994), S. 1777.

[74] Da es durch die Einführung des Euro ab 1999 an den deutschen Börsen spätestes ab 1.1.2002 zu „schiefen“ Mindestnennwerten kommen würde, sind seit 1997 in Deutschland auch „nennwertlose Stückaktien“ möglich. Die besitzen aber einen impliziten Nennwert, der sich aus der Division des Grundkapitals durch die Anzahl der Aktien errechnen läßt. Vgl. auch WULFF (1999), S. 3.

Die den KEaGM ähnlichen Maßnahmen werden aufgrund unterschiedlicher Rechnungslegungsregeln nochmals unterschieden. Einerseits in die Small Stock Dividends, die bei einer Veränderung des gesetzlichen Kapitals um weniger als 20-25 % eine Einstellung von Gewinnrücklagen in Höhe des Marktwerts der neuen Aktien in das Grundkapital verlangen[75]. Andererseits in Large Stock Dividends, bei denen lediglich eine Kapitalisierung des Nominalwerts der jungen Aktien verlangt wird. Diese Large Stock Dividends werden oftmals fälschlicherweise auch als Stock Split bezeichnet.[76] Umgekehrt bedeutet dies, daß die in der amerikanischen Literatur untersuchten Stock Splits sehr unterschiedliche Ereignisse beinhalten.[77] Das ist bei der Interpretation der empirischen Untersuchungen besonders kritisch zu sehen.

Die beiden Ereignisse sind in Deutschland klarer getrennt. Für die KEaGM ist der Mindestnennwert nicht relevant, die Gesellschaften können je nach der Höhe der vorangegangenen Gewinnüberschüsse das Grundkapital erhöhen. Laut Gebhardt/Entrup/ Heiden[78] betrug das Berichtigungsverhältnis in 26% der Fälle bis zu 10%, in 48% der Fälle zwischen 10% und 25% und zu 26% mehr als 25%.

In den USA wird neben der Kapitalerhöhung aus Gesellschaftsmitteln (Stock Dividend im weiteren Sinne) noch eine Erhöhung des Aktienkapitals aus einbehaltenen Gewinnen praktiziert (Stock Dividend im engeren Sinne). Dieses Verfahren ist wegen der höheren Steuern für einbehaltene Gewinne in Deutschland durch die sogenannte Dividendenkapitalerhöhung ersetzt worden[79]. Die beiden Schritte Dividendenausschüttung und Kapitalerhöhung gegen Einzahlung sind hierbei wirtschaftlich als eins zu betrachten und von der amerikanischen Form der Stock Dividend im engeren Sinne nicht zu unterscheiden, da eine Verschiebung von Gewinnen aus dem Gesellschaftsbereich in den Bereich der Aktionäre nicht erfolgt[80].

---

75 Durch die Kapitalisierung des Marktwertes sollten die in den 20er und 30er Jahren oft praktizierten kleinen Stock Dividends erschwert werden. Vgl. GEBHARDT/ENTRUP/HEIDEN (1994), S. 312.

76 So zum Beispiel bei GRINBLATT/MASULIS/TITMAN (1994) oder LAKONISHOK/LEV (1987). RANKINE/STICE (1997) haben in Ihrer Untersuchung in den USA herausgefunden, daß die Klassifikation des CRSP nur in 23,5 % der Fälle in dem Sinne richtig war, daß mit den als Stock Split bezeichneten Fällen auch tatsächlich eine Herabsetzung des Nennwerts einherging.

77 Das Argument für die Vermengung unterschiedlicher Sachverhalte ist, daß aus Sicht der Kapitalmarkttheorie beides rein kosmetische Maßnahmen sind. Dies steht jedoch im Widerspruch zu den Ergebnissen von RANKINE/STICE (1997), die ÜR von 2,24% für Stock Dividends bzw. 0,53% für Splits in den USA feststellten.

78 GEBHARDT/ENTRUP/HEIDEN (1994), S. 308-332.

79 Die Dividendenkapitalerhöhung wird auch als Schütt-aus/Hol-zurück-Verfahren oder Bonusaktienverfahren bezeichnet. Dabei wird eine um einen bestimmten Betrag erhöhte Dividende ausgeschüttet mit gleichzeitiger Grundkapitalerhöhung um den selben Betrag.

80 Zur steuerlichen Behandlung der Dividendenkapitalerhöhung vgl. SÜCHTING (1995), S. 97.

2.4.3 Motive für die Kapitalmaßnahmen

In der Literatur werden eine Reihe von Motiven für KEaGM und Stock Splits genannt.[81] In Verbindung mit den beobachteten Kursreaktionen entwickelt die Kapitalmarktforschung daraus Erklärungshypothesen. Die wichtigsten Vorteile, die im Zusammenhang mit KEaGM genannt werden, sind:

- Nach einer KEaGM ist es für das Unternehmen wesentlich schwieriger, mehr auszuschütten, als Gewinn erwirtschaftet wurde. Diese Ausschüttungssperre fördert die Kreditfähigkeit des Unternehmens.
- Die Unternehmensleitung bekommt einen größeren Gewinnthesaurierungsspielraum falls die Gewinnrücklagen die Hälfte des Grundkapitals schon überschritten haben.[82]
- Durch Erhöhung der Aktienanzahl kann der Ausschüttungsbetrag erhöht werden, ohne daß die Stückdividende steigt. Oftmals soll die Stückdividende aus optischen Gründen nicht angehoben werden, um z.B. nicht den Dividendengleichschritt mit vergleichbaren Gesellschaften verlassen zu müssen.
- Schaffung einer Art Sonderausschüttung in Form von Zusatz- oder Berechtigungsaktien, ohne daß dem Unternehmen Liquidität entzogen wird.
- Signalisierung höherer Gewinnerwartungen und einer Anhebung der Dividendenzahlung.[83]
- Vorbereitung einer ordentlichen Kapitalerhöhung.

Im Vorfeld der Einführung der 5 DM Aktie wurde als Hauptmotiv auf die Vorteile für die Kleinanleger hingewiesen.[84] So wurde u.a. argumentiert, daß

- hohe Kurse eine psychologische Hemmschwelle beim Aktienerwerb darstellen
- das Kursrisiko bei „schweren Aktien“ höher sei, als bei „leichten“
- eine Depotdiversifikation und Portefeuille-Bildung um so leichter möglich sei, je billiger die Aktien sind
- die Liquidität der Aktie erhöht wird.

Die letztgenannten Motive gelten für Stock Splits und KEaGM gleichermaßen, die erste Gruppe gilt nur für KEaGM.

---

81 Vgl. PADBERG (1995), S. 14; GEBHARDT/ENTRUP/HEIDEN (1994), S. 310.

82 Gemäß § 58 II AktG kann mehr als die Hälfte des Jahresgewinn in die anderen Gewinnrücklagen eingestellt werden, wenn der Vorstand durch die Satzung dazu ermächtigt wurde und die Gewinnrücklagen nicht die Hälfte des Grundkapitals übersteigen. Vgl. PERRIDON/STEINER (1993), S.299.

83 V.a. in empirischen Studien für den US-Amerikanischen Kapitalmarkt oft angeführtes Motiv, vgl. GRINSBLAT/MASULIS/TITMAN (1989), S. 464.

84 Eine Zusammenstellung von Argumenten für eine Nennwertreduktion findet man bei KASERER/ MOHL (1998), S. 415.

2.4.4 Auswirkungen auf die Kapitalstruktur

Beide Formen von Kapitalmaßnahmen sind nicht zur Beteiligungsfinanzierung zu zählen, da dem Unternehmen keine neuen Mittel zufließen, sondern nur Teile der durch die Innenfinanzierung gebildeten Rücklagen in dividendenberechtigtes Grundkapital umgewandelt werden. Sowohl Aktionär als auch das Unternehmen erfahren in Ihrem Vermögen keine Änderungen. Der Gesellschaft entstehen keine neuen Investitionsmöglichkeiten.[85] Lediglich die Haftungsmasse erhöht sich c.p. für die Fremdkapitalgeber, aber auch nur dann, wenn bei einer KEaGM Gewinnrücklagen aufgelöst werden.[86]

---

85 Vgl. FRANKE/HAX (1994), S. 531.

86 Vgl. KASERER/MOHL (1998), S. 415.

3 Empirische Befunde über Kapitalerhöhungen aus Gesellschaftsmitteln und Stock Splits für den deutschen Aktienmarkt

3.1 Hypothesen und theoretische Ansätze zur Erklärung von außergewöhnlichen Kursreaktionen

Kernpunkt der Arbeit ist es, zu prüfen, ob die Reaktionen der Marktteilnehmer am deutschen Markt im Umfeld von Stock Splits und KEaGM im Sinne der Informationseffizienz verlaufen, und falls Abweichungen auftauchen, wie sie erklärt werden können. Wie bereits angeführt wurde, ist auf einem unvollkommenen Markt mit Kurswirkungen bei bestimmten Ereignissen zu rechnen. Deshalb werden hier verschiedene Hypothesen zusammengestellt, die bei einer isolierten Betrachtung nachprüfbare Wirkungszusammenhänge zwischen den Marktunvollkommenheiten, der Finanzmanagemententscheidung „Erhöhung der Aktienanzahl" und Marktwertänderungen des Eigenkapitals liefern. Gestützt, z.T. aber auch kritisiert, werden diese Hypothesen durch vorliegende empirische Untersuchungen.
Für die in dieser Arbeit betrachteten Maßnahmen können die relevanten Marktunvollkommenheiten nach **Signalling-Hypothesen** und **Hypothesen zu Kapitalmarktfriktionen** differenziert werden.[87] Dabei sollen nur die Erklärungsansätze berücksichtigt werden, die für Splits und KEaGM auch einen ausreichenden Erklärungsgehalt besitzen. In einige der Hypothesen fließen Überlegungen ein, inwieweit die Marktmikrostruktur einen Einfluß auf den Kursverlauf hat und Überrenditen nur durch das Marktsystem erzeugt werden.
Des weiteren ist zu unterscheiden, ob der Informationsgehalt untersucht werden soll, dann werden nämlich die Kurse vor und während des Ereignisses betrachtet, oder ob die Informationseffizienz geprüft wird. Dann findet eine Analyse des Kurses nach dem Ereignis statt.

3.1.1 Signalhypothesen

Zunächst soll die Annahme der homogenen Informationsverteilung aufgegeben werden. Das Management einer AG hat aufgrund seines Insiderstatus einen Informationsvorsprung gegenüber den Kapitalgebern. Bei einer solchen asymmetrischen Informationsverteilung können Kapitalmaßnahmen als ein Signal interpretiert werden, mit dem das Management seine Erwartungen über die zukünftige Geschäftsentwicklung und den Unternehmenswert zum Ausdruck bringt. Direkte Informationen über die Ausprä-

[87] Andere Marktunvollkommenheiten zu Kapitalerhöhungen im Allgemeinen wurden in Kapitel 2.1.3 vorgestellt. Erklärungshypothesen dazu finden sich in der Literatur: HARRIS/RAVIV (1991), S. 297-355; BRAKMANN (1993), S. 64-131; SWOBODA (1994), S. 42; BOLLINGER (1999), S. 47-126.

gung eines Merkmals werden damit noch nicht übermittelt, die Investoren versuchen lediglich, aus den Handlungen des Managements Rückschlüsse auf den Informationsgehalt des Signals und somit auf den wahren Wert des Unternehmens zu ziehen. Der Effekt basiert auf dem Prinzip „Hoffnung der Aktionäre", da die Berechtigung des Signals ex ante nur schwer prüfbar ist. Die Geschäftsleitung könnte den Signaleffekt auch mißbrauchen. Deshalb muß auch mit täuschenden Signalen gerechnet werden.[88] Um dies zu verhindern gelten folgende Voraussetzungen für alle Signalisierungstheorien:[89]

- Ein Signal muß von einer guten Unternehmung kostengünstiger produziert werden können als von einer schlechten.
- Es muß sich für die gute Unternehmung lohnen, das Signal zu produzieren.
- Es darf sich für schlechte Unternehmen nicht lohnen, das Signal zu produzieren.

Die Signaltheorien kann man dem Gebiet des behavorial finance zuordnen, wo der Einfluß der Marktteilnehmer und ihr Entscheidungsverhalten auf die Kurse mit verhaltenswissenschaftlichen Methoden untersucht wird. In dieses Umfeld sind auch noise trader, bubbles und psychologische Faktoren als kurserklärende Variable einzuordnen. Am Tag der Ankündigung ändern sich maximal die Erwartungen der Marktteilnehmer, die Handelbarkeit der Aktie durch die Mikrostruktur der Börsenorganisation, wird am Ankündigungstag nicht beeinflußt.
Sollten die Untersuchungen die vorgeschlagenen Signalhypothesen stützen, kann in einem zweiten Schritt, unter der Voraussetzung dieser verhaltenswissenschaftlichen Erklärung, immer noch die Informationseffizienz geprüft werden.

3.1.1.1 Die Hypothese erhöhter Ausschüttungen (nach Miller/Rock)

Ein möglicher Ansatz für einen Signalgehalt einer KEaGM-Ankündigung ist die dadurch ausgelöste Erwartung einer Erhöhung der Ausschüttungen.[90] Diese These geht auf eine Studie über Stock Distributions und Stock Splits zurück, die als Keimzelle der heutigen Ereignisstudien angesehen werden kann. Es handelt sich um die Studie von Fama et al., die einen positiven Ankündigungseffekt bei derartigen Kapitalmaßnahmen konstatiert, der stärker ausfällt, wenn die AG, ihre Gesamtausschüttung erhöhen.[91] Als Begründung geben die Autoren an, daß bei unveränderter Stückdividende nach einer KEaGM, wegen der höheren Anzahl an ausgegebenen Aktien, in der Folge die Ausschüttungssumme ansteigt. Somit läßt die unerwartete Erhöhung der Dividenden eine

[88] Vgl. FRANKE/HAX (1994), S. 536.

[89] Vgl. PADBERG (1995), S. 122.

[90] Die Ausschüttungspolitik von AG folgt im allgemeinen langfristigen strategischen Zielen. Es wird meist Wert auf stetige Stückdividenden und Dividendensteigerung gelegt. Deshalb ist nicht mit einer Kürzung der Stückdividende zu rechnen, vgl. BRAKMANN (1993), S. 110. Ex post wurden in Untersuchungen die Erwartungen steigender Ausschüttungen in den meisten Fällen bestätigt. Insofern kann die Kontinuität der Stückdividende von den Marktteilnehmern erwartet werden, vgl. GEBHARDT/ENTRUP/HEIDEN (1994), S. 314.

[91] Vgl. FAMA/FISHER/JENSEN/ROLL (1969), S. 1-21.

positive Kursreaktion erwarten. Diese Kursreaktion dürfte um so höher ausfallen, je schlechter der Informationsstand der Aktionäre ist.[92]

Miller und Rock haben ein Modell entwickelt, welches allgemein den Einfluß eines Dividendenerhöhungssignals beschreibt. Sie gehen von asymmetrischen Informationen bezüglich des aktuell erwirtschafteten Cash Flow aus. Es bestehen homogene Erwartungen zwischen Management und Investoren über das Investitionsprogramm und dessen Erfolg. In einem Zweiperioden-Modell (ohne Steuern) wird bewiesen, daß eine unerwartete Ankündigung einer Dividendenerhöhung als Signal gesehen werden kann, daß der realisierte Cash Flow über dem erwarteten Cash Flow liegt.[93] Falsches Signalisieren wird verhindert, weil durch zu hohe Ausschüttungen lohnende Investitionen unterbleiben und damit der Unternehmenswert sinken würde. Nach diesem Modell würde der Ankündigungseffekt c.p. mit der Höhe der Abweichung der tatsächlichen von der erwarteten Nettodividende ansteigen.

Bei Ankündigung einer Barkapitalerhöhung verringert die unerwartete Kapitalaufnahme c.p. die Nettodividende, deshalb ist bei KEgBE mit einem negativen Kurseffekt zu rechnen. Brakmann interpretiert das etwas anders und unterstellt Dividendenkontinuität. Er faßt den Wert des Bezugsrechts bei Bezugsrechtsemissionen als eine Art Dividende auf, so daß jetzt die Kapitalerhöhung auch ein positives Signal über die aktuelle Cash Flow Lage des Unternehmens vermittelt.[94] Bei KEaGM sollte dieser Ausschüttungseffekt noch deutlicher zum Ausdruck kommen, da es in Zukunft zu einer erhöhten Gesamtdividendenzahlung kommt, ohne daß die Aktionäre zum jetzigen Zeitpunkt Liquidität zur Verfügung stellen müssen.

Die Höhe der abnormalen Rendite bei der Ankündigung wird auch durch die Wahl des Berichtigungsfaktors beeinflußt, denn in ihm spiegelt sich die Information des Managements über die Höhe der zukünftigen Gewinnerwartungen wider. Werden hohe Gewinnrücklagen in Grundkapital umgewandelt, muß der zukünftige Gewinn entsprechend stark steigen, um eine auf die einzelne Aktie bezogen konstante Dividende zahlen zu können. Jedoch zeigen Grinblatt, Masulis und Titman, daß die positive Ankündigungswirkung auch bei Unternehmen auftritt, die gar keine Bardividende zahlen.[95]

Im Unterschied zu anderen Signalling-Modellen wird hier gezeigt, daß sich Dividendenpolitik und externe Finanzierung gegenseitig bedingen und man die Signaleffekte im Gesamten und nicht isoliert betrachten muß.

Gegen die These eines Informationsgehalts kann man die Kritik anbringen, daß es auch noch andere Möglichkeiten gibt, die Anteileigner zu informieren. Der Lagebericht wäre

---

92 Vgl. FRANKE/HAX (1994), S. 536.

93 Eine vollständige Herleitung des Modells findet sich bei BRAKMANN (1993), S. 113.

94 Vgl. BRAKMANN (1993), S. 119-123.

95 Vgl. GRINBLATT/MASULIS/TITMAN (1984), S. 464.

dafür besonders geeignet. In der Realität ist er aber bei den meisten AG weniger zukunftorientiert gestaltet, als es die Bewertung von Aktien durch den Markt selbst ist.[96]
Die oben für KEaGM hergeleiteten möglichen Kursreaktionen gelten grundsätzlich auch bei Stock Splits. In den USA, wo auch Splits mit Berichtigungsverhältnissen von weniger als 100% durchgeführt werden, ist das durchaus zu berücksichtigen. In Deutschland kann man aber nicht von einem Dividendenerhöhungssignal ausgehen, da bei der Nennwertumstellung fast ausschließlich Berichtigungsverhältnisse von 1000% gewählt werden (obwohl auch kleinere möglich wären). Die Dividende wird dabei entsprechend dem Kurs einfach um eine Dezimalstelle gekürzt. Deshalb dürfte ein „psychologischer Effekt", der aus der Erwartungshaltung der Marktteilnehmer und deren Streben nach alten Höchstkursen und Dividenden gespeist wird, hier nicht auftreten. Hinzu kommt, daß alle Unternehmen um den gleichen Faktor bis zum minimalen Nennwert splitten, aus dem Faktor demnach auch keine zusätzlichen Informationen über die Lage des Unternehmens gewonnen werden können.[97]
Bezüglich der Anpassungsgeschwindigkeit wurde von Fama et al. festgestellt, daß die Kurse schon vor dem Ankündigungstag überproportional steigen.[98] Dies wird mit einem langsamen Durchsickern von positiven Nachrichten am Markt erklärt. In einem informationseffizienten Markt dürfte sich nach der Kapitalerhöhung keine weitere Überrendite ergeben. Das haben Fama et al. auch bestätigen können. Hier muß man sich aber fragen, inwieweit man Überrenditen in einem Zeitraum von Jahren vorher, mit dem Ereignis selbst in Verbindung bringen kann. Der Anstieg vorher wird oft auch mit einer fundamental guten Lage der AG erklärt. Die Gesamtlage ändert sich durch die Kapitalmaßnahme aber nicht. Deswegen müßten solche Informationen, die ex post als Andeutung der Kapitalmaßnahme interpretiert wurden, nach der Kapitalmaßnahme eigentlich wieder ähnliche Kursreaktionen auslösen. Dies könnte als Erklärung für eine zuweilen festgestellte verzögerte Informationsverarbeitung herangezogen werden.

3.1.1.2 Retained-Earning-Hypothese

Auch wenn mit der Ankündigung einer KEaGM keine Dividendenerhöhung verbunden wäre, kann sie als „Signal über den wahren Wert des Unternehmens" aufgefaßt werden. Wenn ausschüttbare Gewinnrücklagen in Grundkapital umgewandelt werden, stehen sie nicht mehr als Ausschüttungspuffer zur Aufrechterhaltung einer konstanten Dividende zur Verfügung (→ Retained-Earning-Hypothese).[99] Unternehmen mit guten Ertragsaussichten werden das nicht als Einschränkung empfinden, da sie die Dividen-

---

96 Vgl. FRANKE/HAX (1994), S. 546.

97 Da die Argumentation für Splits in den USA nur zum Teil übertragen werden kann, sollten dort zwar Ankündigungseffekte auftreten, diese aber schwächer ausfallen als die entsprechender Stock Distributions. Dieser Zusammenhang wurde von RANKINE/STICE (1994) auch bestätigt.

98 Vgl. FAMA/FISHER/JENSEN/ROLL (1969), S. 1-21.

99 Vgl. GRINBLATT/MASULIS/TITMAN (1984), S. 463; LAKONISHOK/LEV (1987), S. 915.

den aus den wachsenden zukünftigen Erträgen zahlen können. Deswegen kann die Umwandlung von Gewinnrücklagen als positives Signal gedeutet werden. Dies wird um so mehr der Fall sein, je mehr Gewinnrücklagen umgewandelt werden. Da ein höheres Grundkapital gleichzeitig auch die Kreditwürdigkeit steigert, wird die Retained-Earning-Hypothese auch als Gläubigersicherungshypothese bezeichnet. Werden allerdings Kapitalrücklagen statt Gewinnrücklagen umgewandelt, dann hat das keinen Einfluß auf die Ausschüttungsmöglichkeiten.[100] Für Splits gilt die Retained-Earning-Hypothese ebenfalls nicht.

3.1.1.3 Unternehmenswert-Hypothese

Die Unternehmenswert-Hypothese nach Myers/Majluf geht davon aus, daß das Management nur dann eine Kapitalerhöhung vornimmt, wenn der Marktwert über dem wahren Wert des Unternehmen liegt, den das Management kennt. Damit würde die Kapitalerhöhung ein negatives Signal darstellen und der Kurs müßte fallen und zwar um so mehr, je stärker er vorher gestiegen ist. Für die KEaGM sollte sich daraus aber kein Erklärungsgehalt ergeben, da das Management keine Motivation für die oben unterstellte Verhaltensweise hat.

Daneben wird noch die Selbstfinanzierungshypothese in der Literatur genannt.[101] Sie wird aber in den Untersuchungen genauso wenig weiter verfolgt, wie mögliche Signalhypothesen die nur auf KEgBE zutreffen.[102]

3.1.2 Kapitalmarktfriktionen

Kapitalmarktfriktionen sind eine Gruppe von Marktunvollkommenheiten, die sich statt im Entscheidungsverhalten der Marktteilnehmer eher in der Mikrostruktur der Börsen widerspiegelt und direkt auf das Investitionsverhalten von Anlegern wirkt.

Aus den Kapitalmarktfriktionen werden Faktoren isoliert, die die Renditeerwartungen des Investors beeinflussen und in der operativen Effizienz des Aktienmarktes begründet liegen. Im Zusammenhang mit Kapitalerhöhungen und Stock Splits können sich diese Faktoren ändern und Kursreaktionen auslösen. Daraus lassen sich Hypothesen ableiten, die die **Transaktionskosten** beleuchten und Hypothesen, die auf das **Informationsrisiko und die Veränderung der Informationsmenge** abzielen. Da am Kapitalmarkt keine neuen Mittel angefordert werden, spielen die ebenfalls aus Kapitalmarktfriktio-

---

[100] Insofern könnte eine Aufspaltung von Stichproben in Teile, bei denen die Gewinnrücklagen umgewandelt wurden und Teile, bei denen Kapitalrücklagen umgewandelt wurden, Aufschluß über die Richtigkeit der Retained Earning Hypothese geben. Solche Untersuchungen sind meines Wissens bisher aber noch nicht durchgeführt worden.

[101] Vgl. KASERER/BRUNNER (1997), S. 80. Warum der gestiegene Gewinnthesaurierungsspielraum ein negatives Signal darstellen soll, erläutern die Autoren aber nur unzureichend.

[102] Vgl. dazu PADBERG (1995), S. 123-128.

nen resultierenden Preisdruck-Hypothesen und Hypothesen zur unzureichenden Substituierbarkeit keine Rolle für KEaGM und Splits.

3.1.2.1 Liquiditätshypothese in Form einer optimalen Trading Range

Dieser Ansatz geht davon aus, daß es für Aktien ein bestimmtes, optimales Kursspektrum gibt, bei dem die auf die Marktumsätze zurückzuführenden Transaktionskosten minimal sind. Die Broker Fees in den USA sind nicht nur vom Auftragsvolumen abhängig, sondern auch von der umgesetzten Stückzahl.[103] Deshalb führen hohe Kurse bei gleicher Beteiligungsquote zu vergleichsweise niedrigeren Transaktionskosten. Andererseits schränken hohe Kurse die Diversifikationsmöglichkeiten, insbesondere für Kleinanleger ein. Außerdem fällt der Handel in Schlußeinheiten (round lots) schwerer, was die Transaktionskosten ebenfalls in die Höhe treiben kann. Aus diesen beiden Restriktionen ergibt sich in Abhängigkeit der Marktmikrostruktur ein optimales Kursspektrum, das die Liquidität des Marktes beeinflußt. Am US-amerikanischen Markt konnte für Splits von sogenannten ADR eine Liquiditätssteigerung, verbunden mit positiven Kurseffekten, nachgewiesen werden.[104] Das steht im Einklang mit dem Modell von Amihud und Mendelson, das einen positiven Zusammenhang zwischen Liquidität und Kurswert voraussagt.[105] Das Modell von Amihud und Mendelson geht von rationalen Anlegern aus, die wegen der höheren Transaktionskosten größere Kursabschläge bei illiquiden Wertpapieren vornehmen. Damit würde eine erhöhte Liquidität, selbst ohne Absinken der Aktienkurse, positive Kursreaktionen initiieren.[106]

Da es in Deutschland keine stückzahlabhängigen Gebühren gibt, ist der optimale Kurs nach unten kaum beschränkt.[107] Ob Kleinanleger allerdings in großem Maße von niedrigeren Kursen profitieren, darf bezweifelt werden. Einerseits gibt es bei Banken Mindestgebühren, die den Handel in Einzelstücken sehr teuer machen, andererseits kann eine Portefeuillebildung z.B. auch durch Investmentfonds erreicht werden. Insgesamt hat die Bedeutung von Transaktionskosten weltweit abgenommen, da durch eine effizientere Börsenstruktur, die Handelsgebühren stetig gesunken sind. Deshalb wird verschiedentlich eingewendet, daß den Transaktionskosten eine zu große Bedeutung bei der Analyse von Kurseffekten beigemessen wird.

Trotzdem könnte die Liquiditätshypothese einen Erklärungsgehalt für Kursreaktionen am Ex-Tag am deutschen Markt haben, denn c.p. sinken die Transaktionskosten schon.

---

103 Vgl. BRENNAN/COPELAND (1988), S. 89.

104 ADR: American Depositary Reciepts sind Urkunden, die ein Teilrecht an einer (ausländischen) Aktie verbriefen. Die ADR können gesplittet werden, ohne daß die zugrundeliegende Aktie gesplittet wird. Daher wird argumentiert, daß von solch einem Split keinerlei Signalwirkung ausgeht. Wie allerdings von zwei Papieren die im festen Verhältnis zueinander stehen, eines eine ÜR von 1,13% erzielen kann, ohne daß Arbitrage stattfindet wird aus den Ausführungen der verschiedenen Autoren, die diese Untersuchung zitieren, nicht deutlich.

105 Vgl. AMIHUD/MENDELSON (1986), S. 223-249.

106 Vgl. PADBERG (1995), S. 153.

107 Nur wenn der Kurswert unter den Nominalwert fällt, gibt es gesetzliche Restriktionen.

Voraussetzung wäre, daß die Mikrostruktur des deutschen Marktes oder das Handelsverhalten der Marktteilnehmer zu Liquiditätsänderungen in Folge der Durchführung von KEaGM und Splits führt.

3.1.2.2 Trading Range Hypothese als Signal

Bei Durchführung eines Splits oder einer KEaGM sinkt der Aktienkurs. Bei Unternehmen mit ungünstigen Zukunftsaussichten würde ein schon vorher durch Splitting erniedrigter Kurs bei Eintreten der ungünstigen Ereignisse den Handel unterhalb des optimalen Kursspektrums in diesen Aktien unattraktiv machen. Demzufolge werden Unternehmen mit ungünstigen Aussichten trotz hoher Kurse keine Splits vornehmen.[108] Unternehmen mit steigenden Kurserwartungen werden c.p. ein größeres Berichtigungsverhältnis wählen als Unternehmen ohne Erwartungen steigender Kurse. Entsprechend stellt ein Aktiensplitt ein positives Signal des Managements an den Markt dar. Somit enthält die Trading Range Hypothese auch ein **Signal über den wahren Wert des Unternehmens.** Die Höhe des Berichtigungsfaktors müßte positiv mit den Erfolgsaussichten korreliert sein. Da in Deutschland keine Untergrenze für die optimale Trading Range besteht, wird die Signalwirkung voraussichtlich schwach sein.

3.1.2.3 Neglected Firm Hypothese oder Small Firm Effect

Die Ankündigung einer Kapitalerhöhung bringt normalerweise zusätzliche Publizität mit sich. Da man davon ausgehen muß, daß die einzelnen Kapitalgebergruppen zueinander einen heterogenen Informationsstand aufweisen, stellt sich die Frage, ob die zusätzliche Publizität eine Kursreaktion auslösen kann. Dazu gibt es zwei Ansätze:

1. Unter dem Begriff „Small-Firm-Effect" wird ein Phänomen verstanden, daß höhere risikobereinigte Renditen für Aktien kleinerer Unternehmen zu erzielen sind. Begründet wird die Überrendite mit einer sinkenden Risikoprämie für Transaktions- und Informationsrisiken bei Bekanntgabe von neuen Informationen.[109] Die Argumentation deckt sich hier zum Teil mit der Argumentation zur Liquiditätshypothese, da davon ausgegangen wird, daß von kleineren AG wenige Informationen vorliegen und gleichzeitig die Liquidität am Markt für deren Aktien gering ist.
2. Nach der Analyse von Merton ist der Marktwert eines Unternehmens im Fall unvollständiger Information positiv mit der verfügbaren Informationsmenge korreliert.[110] Die Investoren bilden ihr Portefeuille nur aus Wertpapieren, über die sie vollständige Informationen haben. Für ein Wertpapier, das weniger Investoren halten, wird eine höhere Rendite gefordert. Die Erhöhung der Informationsmenge

---

[108] Vgl. GRINBLATT/MASULIS/TITMAN (1984), S. 465. Bei Gültigkeit der These müßte man jedoch davon ausgehen, daß Unternehmen deren Aktien hohe Kurse aufweisen und die keinen Split vornehmen, schlechte Nachrichten „erwarten". Das würde aber zu sinkenden Kursen führen. Dies führt zu einem Paradoxon.

[109] Vgl. PADBERG (1995), S. 146.

[110] Vgl. GEBHARDT/ENTRUP/HEIDEN (1994), S. 316.

führt zu einer Erhöhung der Anlegeranzahl. Dies impliziert eine Erhöhung des Marktwerts. Diese These ist für den deutschen Markt nur schwer nachzuprüfen, da die Zahl der Aktionäre meistens nicht bekannt ist.

Kleine AG wollen nach GRINBLATT et al. durch KEaGM und Splits die Aufmerksamkeit der Analysten auf sich ziehen.[111] Je mehr sich die Informationsmenge ändert, desto stärker wird die Kursreaktion ausfallen. Bei kleinen Unternehmen und bei Unternehmen, die in kleineren Marktsegmenten gehandelt werden, sind daher stärkere positive Kursreaktionen bei zusätzlichen Informationen zu erwarten als bei großen Unternehmen, die von einer großen Anzahl von Analysten untersucht werden und über die bereits eine große Informationsmenge vorliegt.

Bezüglich der Informationsverarbeitungsgeschwindigkeit wird vermutet, daß durch die größere Anzahl von Analysten bei größeren AG eine Antizipation des Ereignisses eintritt, bei kleineren AG die Verarbeitung der Information jedoch erst am Tag der Veröffentlichung und in den Folgetagen erfolgt, d.h. bei ersteren wird der Kurs im Vorfeld der Ankündigung schon ansteigen, bei letzteren erst nach der Ankündigung.
Negativ wirkt sich aus, daß mit der Kapitalerhöhungsankündigung eine Verunsicherung der Investoren bezüglich des wahren Unternehmenswertes einhergeht. Verschiedentlich wurde eine erhöhte Volatilität nach Durchführung eines Aktiensplitts festgestellt.[112] Dies läßt die Vermutung zu, daß die Streuung der Überrenditen am AT bei kleinen Unternehmen größer ist, als bei großen Unternehmen.

3.1.3 Meßfehler als Erklärungsvariable

Falls Stock Splits und KEaGM einen Informationsgehalt besitzen, sollten die vorhergesagten Kapitalmarktreaktionen jeweils bei der Ankündigung der KEaGM (und des Splits) auftreten. Bezüglich der Überrenditen am Ex-Tag wird in der US-Literatur meist auf die Marktmikrostruktur verwiesen.[113] Meßfehler führen zu scheinbaren Überrenditen, da nach dem Ex-Tag Kurse überwiegend als Ask-Preise notieren, während sie vor dem Ex-Tag zufällig zum Bid- oder Ask-Preis festgestellt wurden. Ein Informationsgehalt wird den Überrenditen am Ex-Tag deswegen nicht zugeschrieben. Diese Erklärung kann bei der deutschen Mikrostruktur jedoch nicht greifen, da die meisten Aktien im Auktionsverfahren gehandelt werden; trotzdem wurden Überrenditen festgestellt.

Ein weiterer Meßfehler könnte aus illiquiden Werten (thin trade) erwachsen. Dimson und Marsh haben Renditeberechnungen anhand von Kursen, die nicht von einem Umsatz begleitet waren, als potentielle Fehlerquelle bei Ereignisstudien ausgemacht.[114] Sie

---

[111] Vgl. GRINBLATT/MASULIS/TITMAN (1984), S. 464.
[112] Vgl. OHLSON/PENMAN (1985), S. 251-266.
[113] Vgl. CONRAD/CONROY (1994), S. 1507-1519.
[114] Vgl. DIMSON/MARSH (1986), S. 113-124.

schlagen vor, trade-to-trade Renditen zu berechnen. Beim trade-to-trade Verfahren wird die Rendite der Aktie und des Index jeweils zwischen den zwei Zeitpunkten mit einer Handelstätigkeit in der Aktie bestimmt. Durch Vergleich mit der normalen Renditeberechnung kann die Thin-Trade-Hypothese, die die beobachtete Überrendite am Ex-Tag der fehlerhaften Renditeberechnung zuschreibt, geprüft werden.

Am Ex-Tag könnte eine Überrendite auch durch einen temporären Publizitätsdruck erklärt werden. Unter dem Druck der verstärkten Öffentlichkeit, die einer Aktie zuteil wird, könnten sich viele Anleger veranlaßt sehen, die entsprechende Aktie zu kaufen, was zu einer Überrendite führen würde. Sollte sich diese Hypothese als richtig erweisen, müßte bald nach dem Ex-Tag eine Gegenreaktion einsetzen. Gleichzeitig würde dies eine Verletzung der Informationseffizienz bedeuten.

In Kapitel 2.3 wurden Hypothesen aufgeführt, die Kursreaktionen um den AT von Stock Splits durch die Marktmikrostruktur erklären. Die sollen hier nicht mehr erläutert werden. Es wird nur nochmals daran erinnert, daß die Volatilität einerseits durch steigende relative Spreads und andererseits durch einen geringeren Umsatz pro Kursfeststellung beeinflußt wird.

Die Erklärungsansätze für Überrenditen zum Ankündigungstermin sind in Tabelle 1, zusammen mit ihren prognostizierten Wirkungsmechanismen, nochmals übersichtlich zusammengestellt. Die Vorzeichen hinter den einzelnen Variablen geben deren Einfluß auf die Preisentwicklung [und –anpassung] infolge einer Ankündigung der Ausgabe zusätzlicher Aktien wieder. Da nicht alle Hypothesen für KEaGM und Stock Splits gleichermaßen gelten, sind beide getrennt aufgeführt.

	KEaGM		Stock Splits	
Hypothesen	erwartete Kursreaktion	Einflußvariable und -richtung	erwartete Kursreaktion	Einflußvariable und -richtung
Signalhypothesen				
höhere künftige Ausschüttungen	positiv	Berichtigungsverhältnis[115]: +, Dividendenrendite: +, Informationsstand (ÜR vorher): -	keine	
Retained-Earnings	positiv	Berichtigungsverhältnis: +	keine	
Unternehmenswert	(negativ)	(ÜR vorher: -)	keine	
Trading Range als Signal	(positiv)	(Berichtigungsverhältnis: +)	keine	
Kapitalmarktfriktionen				
Neglected Firm Hypothese	positiv [Geschw. +] [Volatilität +]	Marktwert: - [Marktwert: +] [Marktwert: -]	positiv [Geschwind. +] [Volatilität +]	Marktwert: - [Marktwert: +] [Marktwert: -]
Liquiditätshypothese aus Trading Range	positiv	Liquidität: +	am Ex-: positiv	Liquidität: +
Publizitätsdruck	positiv	Publizität: +	positiv	Publizität: +

[115] Eine Verdoppelung (Verdreifachung) der Zahl der ausstehenden Aktien wird in den USA mit dem Split-Faktor 2 :1 (3:1) ausgedrückt, während in Deutschland ein Bezugsverhältnis von 1:1 (1:2) vorliegt. Man kann auch von einem Berichtigungsverhältnis von 100% (200%) sprechen.

Meßfehler Mikrostruktur	positiv uneindeutig [Volatilität +]	(ask-Preise bevorzugt) thin-trade: + [(Market-Maker: bid-ask +), Anzahl der Kurse: -]		*wie bei KEaGM*	*wie bei KEaGM*

Tabelle 1: Hypothesen und testbare Einflußfaktoren zur Erklärung der Überrenditen bei der Ankündigung von Kapitalerhöhungen (in Klammern stehende Variable haben für den deutschen Aktienmarkt vermutlich eine geringe Bedeutung)

3.2 Methodische Grundkonzeption von Ereignisstudien

Empirische Untersuchungen zu präsentieren, ohne vorher auf die Untersuchungsmethodik einzugehen, ist wenig fruchtbar. Genauso wenig, wie die anschließende Interpretation von Überrenditen, deren Messung methodisch nicht hinreichend abgesichert ist. Trotzdem will ich hier nur einen knappen Überblick über die Standard-Vorgehensweise bei Ereignisstudien geben, da sich innerhalb der untersuchten Studien eine einheitliche Vorgehensweise abzeichnete. Bezüglich der Details einzelner Untersuchungsprozeßschritte sei auf die Literatur verwiesen.[116] Methodische Besonderheiten und Probleme der Studien werden bei der Vorstellung der Studien gesondert erläutert.

3.2.1 Verwendete Datenbasen

Zunächst muß das zu untersuchende Ereignis eindeutig definiert und der genaue Eintrittszeitpunkt festgestellt werden. Für die Ermittlung des Ankündigungseffekts ist die exakte Bestimmung des Ankündigungstages von Splits und KEaGM sehr wichtig, da bei bloßer Verwendung des Bekanntgabedatums im Bundesanzeiger ein Verwässerungseffekt auftritt.[117]
Anhand geeigneter Datenbanken (z.B. Deutsche Finanzdatenbank) muß eine Auswahl der Unternehmen getroffen werden, die in die Untersuchung mit aufgenommen werden sollen. Falls ein zeitgleiches bewertungsrelevantes Ereignis mit der Ankündigung stattfand oder nicht genügend Datenmaterial vorliegt, werden diese Fälle aus der Stichprobe eliminiert. Der Untersuchungszeitraum muß ebenfalls abgegrenzt werden.
Aus den Kursdaten werden tägliche bereinigte Aktienkursrenditen ermittelt.[118] Tagesrenditen werden trotz Abweichungen von der Normalverteilung und Problemen bei unregelmäßigem Handel, monatlichen Renditen vorgezogen.[119] Für Tagesrenditen spricht auch, daß die Vorgehensweise bei der Schätzung der Überrendite unter Ver-

[116] BOLLINGER setzt sich intensiv mit der sachgerechten Untersuchungsmethodik im Zusammenhang mit Informationswirkungen von Kapitalerhöhungen auseinander, vgl. BOLLINGER (1999), S. 127-190. Unterschiedliche Renditeberechnungsmodelle und Testverfahren zur Signifikanz von Überrenditen stellt ARMITAGE (1995) vor.

[117] KASERER/BRUNNER haben ermittelt, daß die von Ihnen untersuchten KEaGM durchschnittlich neun Tage vor Bekanntgabe im Bundesanzeiger in der Wirtschaftspresse bekanntgegeben wurden, vgl. KASERER/BRUNNER (1997), S. 82. Aber selbst bei bekanntem Veröffentlichungsdatum in der Wirtschaftspresse bleibt eine Unsicherheit von einem Tag über den genauen Termin, an dem die Börse von der Kapitalmaßnahme erfahren hat.

[118] Vgl. PADBERG (1995), S. 195.

[119] Vgl. BOLLINGER (1999), S. 132.

wendung täglicher Renditedaten eine untergeordnete Rolle spielt, sofern Aktienkurse auf ein bestimmtes Ereignis deutlich reagieren.[120]

3.2.2 Renditeberechnung mittels Marktmodell

Als nächstes muß spezifiziert werden, wie die Überrendite AR_{it} für jedes Unternehmen i zum Zeitpunkt t berechnet wird. Es gilt:

$$AR_{it} = R_{it} - E(R_{it})$$

wobei $E(R_{it})$ die Gleichgewichtsrendite des Unternehmens i zum Zeitpunkt t ist. Für ihre Berechnung stehen unterschiedliche Preisbildungsmodelle zur Verfügung, deren Vor- und Nachteile gegenübergestellt werden müssen. Fast alle empirischen Untersuchungen zu Kapitalerhöhungen ziehen das Marktmodell heran.

Das Marktmodell geht davon aus, daß die Rendite einzelner Wertpapiere allein durch die Rendite des Marktportefeuille R_{Mt} gemäß

$$R_{it} = \alpha_i + \beta_i R_{Mt} + u_i$$

unter Berücksichtigung einer stochastischen Störgröße u_i erklärt werden kann.

Für die Überrenditen kann daraus hergeleitet werden:

$$AR_{it} = R_{it} - (\alpha_i + \beta_i R_{mt})$$

Die Parameter α_i und β_i werden mit Hilfe einer Ordinary-Least-Square-Regression aus Vergangenheitsdaten einer Schätzperiode berechnet.[121] Die Schätzwerte für α und β sollten über mindestens 100 Tage vor dem Ereignis aufgenommen werden.[122] Die Wahl des Aktienindex für das Marktportfolio hat dabei keinen wesentlichen Einfluß auf die Untersuchungsergebnisse.[123]

Die Überrenditen werden für jedes einzelne Ereignis kumuliert (CAR) und dann über alle untersuchten Fälle gemittelt (ACAR), um zufällige Schätzfehler und andere Einflüsse, als die durch den betrachteten Split oder die KEaGM erzeugten, zu mindern. Die Betrachtung der Entwicklung der kumulierten Überrendite empfiehlt sich, wenn der Ereignistag nicht zweifelsfrei bestimmt werden kann.[124] Darüber hinaus lassen sich Antizipationseffekte bei Ereignisstudien visualisieren und die Geschwindigkeit der Informationsverarbeitung verdeutlichen.

---

[120] Vgl. FAMA (1991), S. 1601.

[121] Vgl. PERRIDON/STEINER (1993), S.255; ARMITAGE (1995), S. 27.

[122] Vgl. ARMITAGE (1995), S. 34; PADBERG (1995), S. 203.

[123] Vgl. BOLLINGER (1999), S. 189.

[124] Vgl. ARMITAGE (1995), S. 34.

3.2.3 Alternative Gleichgewichtsrenditen

Alternativ kann die Gleichgewichtrendite $E(R_{it})$ auch mit der einfachen Marktrendite R_{Mt} oder mit Hilfe des CAPM gemäß $E(R_{it}) = R_f + \beta_i (R_{Mt} - R_f)$ berechnet werden. R_f ist darin der risikolose Marktzins, β_i das systematische Risiko der Aktie i. Auch wenn das CAPM für originäre Finanztitel wegen seiner strengen Annahmen und der einfachen Struktur das wichtigste Gleichgewichtsmodell ist, fielen die Tests für den deutschen Kapitalmarkt eher negativ aus.[125] Da das CAPM nichts über den Informationsanpassungsprozeß aussagt, wird es in Ereingisstudien meist nicht eingesetzt.[126]
Von der geeigneten Wahl des Kapitalmarktmodell hängt die Aussagekraft der Studie wesentlich ab. Ein Test des Kapitalmarktmodells für sich oder der Hypothese für sich ist aber gar nicht leicht möglich, da bei empirischen Tests zusammen mit der zu testenden Hypothese immer auch noch das zugrundeliegende Kapitalmarktmodell getestet wird.[127] Man spricht in diesem Zusammenhang auch von der joint-hypothesis Problematik. Wie in Kapitel 3.2.1 schon beschrieben, spielt das Preisbildungsmodell und damit auch die joint-hypothesis Problematik bei Verwendung täglicher Renditen aber eine untergeordnete Rolle.

3.2.4 Testverfahren zur Überprüfung der Signifikanz der Überrenditen

Die ermittelten Aktienkursreaktionen auf die Bekanntgabe von Splits oder KEaGM sind dahingehend zu beurteilen, ob die festgestellten Überrenditen signifikant von Null verschieden sind. Armitage schlägt als angemessenes Testverfahren einen einfachen t-Test oder einen Rangplatztest vor.[128]
Die Teststatistik für den einfachen t-Test wird aus dem Mittelwert der in der Stichprobe festgestellten Überrenditen in der Ereignisperiode (die in k beginnt und in l endet) und deren Standardabweichung multipliziert mit der Wurzel der Anzahl der berücksichtigten Ereignisse ermittelt:

$$t = \sqrt{N}\,\frac{ACAR_{kl}}{S(ACAR_{kl})}.$$

Bei Überrenditeverteilungen, die stark von der Normalverteilungsannahme des einfachen t-Tests abweichen, bietet sich ein modifizierter t-Test nach Brown/Warner an, bei dem eine Standardisierung der individuellen Überrenditen auf Basis der Überrenditeverteilung in der Schätzperiode vorgenommen wird.
Der Rangplatztest weist jeder individuellen Überrendite innerhalb der Untersuchungsperiode einen Rangplatz zu und transformiert die Überrenditenreihe des einzelnen

---

125 Vgl. MÖLLER (1988).
126 Vgl. PADBERG (1995), S. 212.
127 Vgl. FAMA (1991), S. 1575.
128 Vgl. ARMITAGE (1995), S. 35-42.

Unternehmens in eine Gleichverteilung. Mit einer Teststatistik läßt sich daraus feststellen, ob mit einem Ereignis eine signifikante Kursreaktion verbunden ist.[129]

3.3 Kursreaktionen am deutschen Aktienmarkt

Ein weiterer Schwerpunkt dieser Arbeit ist, die Kurseffekte, die in verschiedenen Untersuchungen zu KEaGM und Splits in Deutschland festgestellt wurden, zusammenzutragen und darzustellen, um sie mit den durch die Hypothesen vorhergesagten Kurseffekten vergleichen zu können.

In dem hier interessierenden Zusammenhang kann man grundsätzlich Studien differenzieren, die die Kursreaktion bei Ankündigung einer Kapitalerhöhung untersuchen und welche, die Preiseffekte bei der eigentlichen Plazierung der neuen Aktien analysieren. Auf informationseffizienten Märkten steht der Ankündigungszeitpunkt im Vordergrund des Interesses. Wenn die Ankündigung z.B. des Splits einen Informationswert hat, der zu einer Revision der Erwartungen der Marktteilnehmer führt, so sollten Kursreaktionen vor dem eigentlichen Ereignis, zum Zeitpunkt der Ankündigung zu beobachten sein. Das Kursverhalten vor und nach dem Ankündigungstag ist auch von Interesse, gibt es doch Aufschluß darüber, ob und in welchem Umfang bereits vor der öffentlichen Bekanntgabe Informationen an den Markt durchgesickert sind, und mit welcher Geschwindigkeit neue Informationen verarbeitet werden, d.h. sich in Preisen widerspiegeln.

In dieser Arbeit werden die Untersuchungen, die sich mit dem deutschen Aktienmarkt befaßt haben, vorgestellt und ihre Ergebnisse analysiert. In tabellarischer Form werden die Untersuchungsmethodik und Ergebnisse von fünf Studien dargestellt.[130] Drei der Studien haben KEaGM untersucht.[131] Zwei weitere haben sich mit der Wirkung der Nennwertherabsetzung auf 5 DM befaßt, von der in jüngster Zeit viele AG Gebrauch machen.[132] Überrenditen (ÜR) für verschiedene Intervalle um den Ankündigungstag (AT) und den Tag der Ausgabe der neuen Aktien (ExT) werden aufgelistet.[133] Indem innerhalb beider Gruppen von Studien die Ergebnisse auf Gemeinsamkeiten geprüft

---

[129] Vgl. GEBHADT/ENTRUP/HEIDEN (1994), S. 318.

[130] Die Studie der DG-BANK (1994) verzichtet auf eine wissenschaftlich adäquate Methodik und wurde deshalb hier nicht mit in den Vergleich einbezogen.

[131] Dies sind die Arbeiten von GEBHARDT, ENTRUP und HEIDEN (1994), von PADBERG (1995) und von KASERER und BRUNNER (1997).

[132] Die Arbeiten von KASERER und MOHL (1998) und von WULFF (1999).

[133] Um die Ergebnisse besser vergleichen zu können, mußten für einige Intervalle anhand der gegebenen Daten selbst Überrenditen berechnet werden. Aussagen über die Signifikanz dieser Überrenditen können nicht mehr gemacht werden. Die nachträglich berechneten Überrenditen erkennt man daran, daß für sie keine Werte der t-Statistik ausgewiesen sind.

ÜR können sowohl positive als auch negative Werte annehmen. Trotzdem werden im folgenden nur negative ÜR extra gekennzeichnet, ansonsten kann man von positiven ÜR ausgehen.

werden, können die charakteristischen Merkmale von KEaGM und Splits herausgearbeitet werden.
Die Diskussion der beobachteten Kursreaktionen erfolgt in Kapitel **Fehler! Verweisquelle konnte nicht gefunden werden.**. Dort wird als Vergleich gelegentlich der amerikanische Aktienmarkt herangezogen. Deshalb sind im Anhang Ergebnisse ausgewählter Untersuchungen am US-amerikanischen Aktienmarkt zusammengestellt.

3.3.1 Diskussion der Methodik der ausgewerteten Studien

In allen Studien wurde eine korrekte Vorgehensweise im Einklang mit der in Kapitel 3.2 vorgestellten Methodik von Ereignisstudien gewählt. Bis auf Kaserer/Mohl ermitteln alle die Überrendite mit Hilfe des Marktmodells. Ereignisse, die gleichzeitig weitere Kapitalmaßnahmen wie KEgBE ankündigten, wurden aus den Stichproben eliminiert oder in eine zusätzliche Stichprobe aufgenommen. Ebenso wurden z.T. Fälle ausgenommen, deren Zeitreihen zu wenige Kurse für eine verläßliche Schätzung der Regressionsparameter enthielten. Dies birgt allerdings die Gefahr einer Überrepräsentation von großen AG. Verfahren, um die Qualität der ß-Schätzung zu erhöhen, wären daher angezeigt, wurden aber nur von Wulff herangezogen. Er versucht, die Effekte des „thin-trade" auszuschalten, indem er trade-to-trade returns benutzt. Wulff konnte für kurze Ereignisperioden keine signifikanten Unterschiede zwischen beiden Verfahren feststellen. Bei breiteren Ereignisfenstern [A-30,A+30] beträgt der Unterschied in der Überrenditeberechnung 4%. Dies deckt sich mit den Ergebnissen von Dimson und Marsh.[134] Deshalb ist nicht ausgeschlossen daß die Überrenditen bei sehr langen Untersuchungsfenstern, wie bei Kaserer und Brunner, durch Meßfehler der Renditebestimmung verfälscht werden. Dies ist bei der Interpretation der Ergebnisse zu beachten.
Zur Untersuchung des Small -Firm Effekts wurden verschiedene Trennkriterien herangezogen. Methodisch scheint die Trennung nach Marktsegmenten die meisten Vorteile zu bringen, da auf den Einfluß unterschiedlicher Publizitätsanforderungen und Informationsdichten auf die Kursanpassung geschlossen werden kann.

3.3.2 Gegenüberstellung der Ergebnisse von Untersuchungen zu KEaGM bzw. Splits

Am Tag der Ankündigung weisen alle Untersuchungen eine positive Überrendite auf. Sie beträgt bei den KEaGM signifikant zwischen 1,84% und 2,47%. Bei den Splits ist die ÜR am Ankündigungstag sehr gering. Am Tag nach der Ankündigung jedoch haben beide Untersuchungen zu Splits eine signifikante ÜR von 0,41% bzw. 0,47% festgestellt. Für eine einheitliche Ankündigungsperiode von 2 Tagen vor und 3 Tagen nach der Ankündigung lagen die Überrenditen der Aktien von Unternehmen, die eine

[134] Vgl. DIMSON/MARSH (1986), S. 113-142.

KEaGM durchführten, zwischen 3,22% und 5.09%, während die Unternehmen die Stock Splits durchführten im gleichen Zeitraum je nach Untersuchung 0,27% bis 0,33% hinzugewannen. Für einen Ankündigungszeitraum von ± 1 Tag um den Ankündigungstermin ergibt sich das gleiche Bild. Splits rentieren 0,3% über dem Marktdurchschnitt, KEaGM dagegen zwischen 3,6% und 4,2% darüber.
Weiterhin wurden in Folge überdurchschnittlicher Gewinnentwicklung hohe Überrenditen vor dem Ereignis festgestellt.
In den Tagen nach der Ankündigung sind kaum noch positive Überrenditen festzustellen.

Am Tag der Ausgabe der neuen Aktien kommen die Untersuchungen zu den KEaGM zu signifikanten Überrenditen von 1,37% bis 1,77%. Bei Splits finden solch starken Kursreaktionen nicht statt, im fünftägigen Ereignisfenster [E-2,E+2] betragen die Überrenditen aber immerhin 0,81% bis 1,03% gegenüber 2,44% bis 3,49% bei KEaGM.
Bei allen Untersuchungen wurden in den 3 Tagen vor der Plazierung der neuen Aktien positive Überrenditen festgestellt, die zum größten Teil statistisch signifikant sind. Auch hier gilt wieder, daß die ÜR von KEaGM höher ausfallen, als die von Stock Splits. Alle Untersuchungen haben herausgefunden, daß wenige Tage nach dem Ereignistag eine Gegenreaktion einsetzt, die einen Teil der vorher erzielten Überrenditen wieder vernichtet.

Nur für die Untersuchungen von Padberg und von Kaserer und Mohl liegen zusammenhängende Daten vom Ankündigungszeitraum bis zum Umstellungszeitraum vor. Während die Aktien, die von einer KEaGM betroffen waren, ab dem Ankündigungstag bis 20 Tage nach der Umstellung durchschnittlich 11,49% ÜR erzielten, verloren die Aktien, deren Nennwert herabgesetzt wurde, im gleichen Zeitraum 4,94%. In der Tendenz weisen die anderen Untersuchungen jeweils in die gleiche Richtung.

Autor, Jahr; Untersuchungsgegenstand	**GEBHARDT ET AL. (1994)** KEaGM (KEaGM mit zstzl. KEgBE)	**PADBERG (1995)** KEaGM und KEgBE	**KASERER/BRUNNER (1997)** KEaGM	**KASERER/MOHL (1998)** Splits (5 DM Aktie)	**WULFF (1999)** Splits
Untersuchungszeitraum	1980-1990	1972-1991	1962-1991	1994-1995	1966-1993; 1994-1996
Anzahl der Ereignisse (Untergruppen)	55 KEaGM; getrennt nach Unternehmensgröße; (14 mit zstzl. KEgBE)	121 (94 Industrie; 18 Banken 9 Versicherungen); getrennt nach Marktsegmenten	181 (Untergruppen für zusätzliche KEgBE: 33; regelmäßige KEaGM: 54)	39 ohne gleichzeitige KEaGM (DAX: 8, MDAX: 7, NODAX100: 24)	83 (plus 78 aus Zeitraum 1966-1993, aber nur für ExT)
Renditefristigkeiten	tägliche	tägliche	tägliche	tägliche	tägliche
Datenquelle	Deutsche Finanzdatenbank Karlsruhe	Deutsche Finanzdatenbank Karlsruhe	Deutsche Finanzdatenbank Karlsruhe	Deutsche Finanzdatenbank Karlsruhe	Deutsche Finanzdatenbank Karlsruhe
Ankündigungstag (Quellen)	Tag der Veröffentlichung in der Presse (verschiedene Bankarchive)	Tag der Veröffentlichung der Emissionsbedingungen (Archiv des Institut für Wirtschaftsforschung)	Tag der Ankündigung in „Börsen-Zeitung" oder „Handelsblatt" [Ø 9d vor Bundesanzeiger]	Tag der Ankündigung in der „Börsen-Zeitung",[Ø 59d vor HV, Median 33d]	Tag der Ankündigung in der Wirtschaftspresse
Kapitalmarktmodell, Signifikanztests	Marktmodell, FAZ-Index; t-Tests (einfach, Brown/Warner); Rangplatztest Corrado	Marktmodell, FAZ-Index; t-Tests (Brown/Warner, einfach), Rangplatztests (Wilcoxon, Corrado)	Marktmodell mit DAX; t-Test	Marktbereinigte Rendite mit CDAX; (Marktmodell zum Vergleich); t-Test; Rangplatztest (Wilcoxon)	Marktmodell mit DAFOX; t-Test (Brown/Warner), BMP-Test, Rangplatztest (Wilcoxon)
Schätzperiode, Zeitfenster f. Untersuchung	[A-260, A-31] ; [A-30, A+30]; [E-30,E+30]	[A-140, A-20]; [A-20, A+20]; [E-20,E+20]	[A-500, A-250] [A-250, A+250]; [E-20,E+20]	[A-281, A-31] [A-60, A+30]; [E-30,E+60] [HV-30, HV+30]	[A-230, A-31] [A-10, A+10]; [E-10,E+10]
Bemerkungen zur Methodik	- in Schätzperiode müssen mindestens 100 Kurse vorliegen - relativ kurzer Untersuchungszeitraum; - neglected-firm-Hypothese: Unternehmensgröße als Trennkriterium	- f. Branchen kleine Stichproben - neglected-firm-Hypothese: Marktsegmente als Trennkriterium, allgemeine Marktwertentwicklung wird eliminiert und man kann Marktmikrostruktur untersuchen	- lang zurückliegende Schätzperiode kann zu falschem ß führen - Ereignisfenster wird mit ±5 Tage relativ groß gewählt. (das wird mit Gerüchten vorher und verzögerter Anpassung hinterher begründet)	- sehr kleine Stichproben - kurzer Untersuchungszeitraum - Schätzperiode kann bei marktbereinigter Rendite entfallen - gleichgewichteter Index wäre besser, da sonst Nullhypothese fehlender ÜR zu oft abgelehnt wird	- alternativ trade-to-trade Renditen verwendet - Gefahr, daß ÜR des AT oder ExT auf mehrere Tage verteilt werden und damit nicht mehr exakt isolierbar sind - neglected-firm-Hypothese: Marktwert als Trennkriterium
Ereignisperiode		T[A-1,A+1]	T[A-5,A+5]	T[A-5,A+5]	T[A-2,A+3]
ACAR am AT; Signifikanzniveau: *: 10% **: 5% ***: 1%	nur KeaGM: T[A-30,A-3]: 3,20% t_c: 2,00** T[A-20,A-11]: 1,29% tc: 1,60 T[A-10,A-3] : 1,87% tc: 2,86*** T[A-5,A+5]: 3,55% T[A-2,A+3] : 3,22% T[A-1,A+1] : 3,89% T[A-1,A] : 3,51% tc: 6,33*** T[A] : 2,47% tc: 5,23*** T[A+2,A+10] : -0,18% tc: -0,95 T[A+2,A+30] : 1,04% tc: 1,10	KEaGM für alle Branchen: T[A-20,A-2] : 3,04% t: 4,98*** T[A-10,A-3] : 1,70% T[A-5,A+5]: 5,20% T[A-2,A+3] : 4,43% T[A-1,A+1]: 3,61% t: 7,61*** T[A-1,A] : 2,52% T[A] :1,84% t: 6,19*** T[A+2,A+10] : 0,61% T[A+2,E-1] :9,32% t: 5,77*** 301	nur KEaGM: T[A-30,A-6]: 2,31% t: 4,46*** T[A-5,A+5]: 5,86% t: 8,25*** T[A-2,A+3] : 5,09% T[A-1,A+1]: 4,24% t: 9,63*** T[A-1,A]: 2,66% t: 9,43*** T[A]: 2,20% t: 8,85*** T[A+6,A+30]: 1,79% t: 2,77*** T[A-250,A+250] :20,37% t:4,00***	gesamte Stichprobe: (DAX-Werte besser) T[A-60,A+30] :1,15% t : 0,51 T[A-60,A-6] :2,49% t : 1,70* T[A-30,A-6] :0,75% t : 0,86 T[A-5,A+5] :-0,08% t : -0,08 T[A-2,A+3] : 0,56% T[A-1,A+1] :0,27% t : 0,56 T[A-1,A] :-0,29% T[A] :0,09% t : 0,30 T[A+1] :0,41% t : 2,18** T[A+6,A+30]: -1,26% t: -1,10	einfache Renditeberechnung: T[A-5,A+5] : 0,98% T[A-2,A+2] : 0,55% t_{BW} : 1,44 T[A-2,A+3] : 0,74% t_{BW} : 1,78* T[A-1,A+1] : 0,33% t_{BW} : 1,44 T[A-1,A] :-0,14% T[A] : 0,01% t_{BW} : 0,08 T[A+1] : 0,47% t_{BW} : 2,79*** T[A+2,A+10] : 0,35%
ACAR am ExT; Signifikanzniveau: *: 10% **: 5% ***: 1%	nur KEaGM: T[E-30,E-3]: 0,95% tc: 0,73 T[E-20,E-11]: 0,08% tc: 0,10 T[E-10,E-3] : 0,17% tc: 0,64 T[E-2,E+2] : 3,49% T[E-1,E] : 2,72% tc: 5,31*** T[E-1,E+1] : 2,74% T[E] : 1,77% tc: 4,22*** T[E+2,E+10]: -1,31% tc:-2,22** T[E+11,E+20]:-0,94% tc:-1,22 T[E+1,E+20] : -2,23%	KEaGM für alle Branchen: T[E-10,E-3] : 0,61% T[E-2,E+2] : 2,44% T[E-1,E] : 1,82% T[E-1,E+1] : 2,00% T[E] : 1,37 % t:4,32*** T[E+2,E+10] : -1,01% T[E+1,E+20]: -2,13% t:-0,74*** T[A-20,E+20]:15,21% t:5,94*** T[A,E+20]: 11,49%		gesamte Stichprobe: (DAX-Werte besser) T[E-30,E-6] :-2,31% t: -1,41 T[E-5,E+5] :+1,18% t: 0,94 T[E-2,E+2] :+1,03% t: 1,20 T[E-2] : 0,51% t: 2,07** T[E-1,E+1] :+0,53% t: 0,70 T[E] : -0,26% t: -0,27 T[E+6,E+60] : -3,37% t: -1,02 T[A-60,E+60] : -3,00% t: -0,42 T[A,E+20]: -4,94%	einfache Renditeberechnung: T[E-4,E-1] : 0,99% T[E-2,E+2] : 0,81% t_{BW} : 2,10** T[E-2] : 0,38% t_{BW} : 2,21** T[E-1,E+1] : 0,56% t_{BW} : 1,89* T[E] : 0,25% t_{BW} : 1,44 T[E+1] : 0,04% t_{BW} : 0,21 T[E+2] : - 0,13% t_{BW} : -0,78
Anmerkungen zur Kursreaktion	- sig. ÜR am AT (vergleichbar mit USA) - Anstieg im Vorfeld stärker und nach dem AT Rückgang, falls nicht gleichzeitig eine KEgBE durchgeführt wird (unklar warum Rückgang) - am ExT ÜR unabhängig von Größe oder BV - bald danach Gegenreaktion	- vor KEaGM 12% ÜR bei Industriewerten - negative Korrelation zwischen Streubesitz und ÜR in Ankündigungsperiode - ÜR steigt bis E+1, danach negativ	- schon im Jahr vor AT 9,41% ÜR (fundamentale Lage gut) - im Vorfeld ist aber hier Anstieg stärker, falls gleichzeitig KEgBE und danach steigen v.a. die ohne KEgBE	- Ø 59 Tage zw AT und HV; um HV Termin eher negative Kursentwicklung - ÜR am ExT klar positiv aber nicht sig. - danach neg. Reaktionen, - insgesamt neg. ÜR, nur die DAX – Werte haben positive ÜR	- sig. Anstieg der ÜR am ExT, teilweise sig. die vier Tage vorher - Rückgang nach split nur in neuerem sample; leichter Abfall danach (Lerneffekt?) - da thin-trade kaum Einfluß hat, sind die ÜR am ExT real - ÜR am ExT weniger stark als in USA (da der Teil wegfällt den man dem bid-

T[E-i, E+j] : Zeitraum für die Berechnung der kumulierten Überrenditen vom Tag i bis zum Tag j bezogen auf den Ankündigungstag A, den Tag der Hauptversammlung HV oder den Plazierungstag E (Ex); t: Funktionswert der t-Statistik; t_{BW} : Funktionswert der t-Statistik nach Brown/Warner; t_c: Funktionswert der t-Statistik auf Basis des Rangsummentests nach Corrado; ÜR: Überrendite

Tabelle 2: Vergleich der Studien zu Kapitalerhöhungen aus Gesellschaftsmitteln und Stock Splits am deutschen Aktienmarkt

3.4 Überprüfung der Hypothesen auf Informationseffizienz und Einfluß der Marktmikrostruktur

Anhand der im Kapitel 3.3 beschriebenen Kurswirkungen soll der Erklärungsgehalt der einzelnen Hypothesen und der zugehörigen Einflußfaktoren aus Kapitel 3.1 getestet und abschließend gewürdigt werden. Die Erklärungen, die die einzelnen Autoren für die gefundenen Überrenditen heranziehen, wurden wieder tabellarisch zusammengefaßt. Die Interpretation der Autoren wurde in den einzelnen Hypothesen aus Kapitel 3.1 zugeordnet. Im folgenden sollen einige Einzelheiten und Besonder-heiten diskutiert werden. Dabei wird die Wirkung von KEaGM und Splits kollektiv untersucht, um Verknüpfungen aufzuzeigen. Neben dem Informationsgehalt soll geprüft werden, inwieweit die Marktmikrostruktur zu den beobachteten Kursreaktionen beitragen könnte.

3.4.1 Kursreaktionen in der Ankündigungsperiode

Zur Erforschung der Informationswirkung eines Ereignisses eignet sich der Ankündigungstag besonders. Bei den Untersuchungen von KEaGM wurden hochsignifikante ÜR gefunden, denen bei Stock Splits zwar deutliche, aber nicht signifikante ÜR gegenüberstehen. In den USA wurden bei Stock Distributions ähnliche und bei Stock Splits deutlich höhere ÜR festgestellt.[135] Trotz der Unterschiede kann dies als ein deutlicher Hinweis für die Gültigkeit des Signaleffekts angesehen werden. Da alle betrachteten Splits in Deutschland ein Bezugsverhältnis von 1:9 aufweisen und damit Kurs und Dividende einfach um eine Dezimalstelle gekürzt werden, stellt der Split hierzulande kein Signal dar; wenn also am amerikanischen Markt höhere ÜR festgestellt werden, kann man dies im Umkehrschluß als Indiz für die Signalwirkung werten.

Bei der Untersuchung des Signaleffekts muß beachtet werden, daß die Ankündigung von Kapitalmaßnahmen meist im Zusammenhang mit anderen Unternehmensinformationen auf Bilanzpressekonferenzen oder ähnlichen Veranstaltungen bekanntgegeben werden und deshalb eine Zuordnung der beobachteten ÜR nicht eindeutig möglich ist. Aus diesem Grunde bräuchte man eine exakte Isolierung von anderen positiven Nachrichten. Dazu müßten in Studien alle relevanten Informationen über die AG zum AT systematisch ausgewertet werden.

Die in der Hypothese über höhere Ausschüttungen postulierte Abhängigkeit vom Berichtigungsfaktor wurde in der Tendenz von allen Untersuchungen bestätigt. Im Gegensatz zur Studie von Fama et al. (1969) stellen Gebhardt et al. für Deutschland nur eine schwache Korrelation fest. Sowohl Padberg als auch Kaserer/Brunner finden auch für den deutschen Markt einen signifikanten Zusammenhang. Letztere unterstellen einen

[135] Vgl. Tabelle 2. Dabei muß nochmals auf die teilweise falsche Deklaration der Stock Splits hingewiesen werden, die in Wahrheit Stock Dividends sind. Siehe dazu Kapitel 2.4.2.

nichtlinearen Zusammenhang zwischen der ÜR und dem Berichtigungsverhältnis BV und finden dies durch eine entsprechende Regressionsanalyse in hohem Maß bestätigt.

Alle Untersuchungen haben eine deutliche Überrendite vor dem Ereignis festgestellt. Zum Teil ist dies sicher durch einen Antizipationseffekt erklärbar, der insofern von Padberg bestätigt wurde, als ein negativer Zusammenhang zwischen der Marktwertentwicklung vor und der positiven Überrendite während der Kapitalerhöhung festgestellt wurde. Demnach steigt die Überrendite vor dem Ereignis um so mehr, je mehr Informationen schon an den Markt durchgesickert sind. Dies deckt sich mit der Erwartung und muß nicht unbedingt eine Verletzung der Informationseffizienz bedeuten, solange der Marktpreis dem aktuellen Informationsstand entspricht.

Da mit steigender kumulierter Überrendite vor dem AT die ÜR am AT zwar sinkt, aber nicht negativ ist, kann die Unternehmenswerthypothese hier verworfen werden. Diese hätte zwar die gleiche Tendenz aber bei insgesamt negativen ÜR während des Ereignisses.

Das Verhalten nach der Ankündigung neuer Aktien gibt Aufschluß, mit welcher Geschwindigkeit neue Informationen verarbeitet werden. Ab dem übernächsten Tag nach der Ankündigung konnten keine statistisch signifikanten Überrenditen mehr festgestellt werden. Dieses Ergebnis ist vereinbar mit der Theorie effizienter Märkte und ihren Aussagen über den Preisbildungsprozeß. Kaserer und Brunner stellen unterdessen noch ein Jahr nach der Ankündigung eine ÜR von 4,77% fest. Der Effekt kann für KEaGM allgemein konstatiert werden. Aus dieser verzögerten Reaktion könnte geschlossen werden, daß der Markt nicht vollständig informationseffizient ist. Sie ist aber auch mit einer andauernden positiven Unternehmensentwicklung erklärbar, in deren Umfeld KEaGM häufiger durchgeführt werden. Dies deckt sich auch mit dem Ergebnis einer ÜR von 9,41% in der Vorankündigungsperiode. Für die hohen ÜR um den AT kann die positive Unternehmensentwicklung nicht alleine verantwortlich sein, da eine Kontrollgruppe, bei der die KEaGM vom Markt erwartet wurde, während der Ankündigungsphase trotzdem noch eine signifikante ÜR aufwies.

Eine weitere vorgeschlagene Hypothese ist die Neglected Firm Hypothese. Auch dazu liefern die Untersuchungen am deutschen Markt Ergebnisse. Gebhardt/Entrup/Heiden haben in Abhängigkeit von der Unternehmensgröße Überrenditen für die 30 Tage bis zum Ankündigungstermin zwischen 9,83% bei kleinen Unternehmen und 5,54% bei großen Unternehmen festgestellt.[136] Für andere Ankündigungszeiträume ergibt sich ebenfalls eine Bestätigung des Neglected Firm Effektes. Andere Untersuchungen zu KEaGM und zu Stock Splits kommen zum gleichen Ergebnis, wenngleich bei letzteren die absoluten Überrenditen geringer ausfallen. Die Arbeit von Kaserer und Mohl läßt

[136] Die Abgrenzung wurde mit Hilfe des Marktwerts vollzogen. Kleine Unternehmen haben einen Marktwert kleiner als 300 Mio. DM, große Unternehmen einen Marktwert von mehr als 1 Mrd. DM. Vgl. GEBHARDT/ENTRUP/HEIDEN (1994), S. 324.

keine Abhängigkeit der ÜR von der Unternehmensgröße erkennen. Allerdings haben die Autoren dieser Studie sehr kleine Teilstichproben verwendet, die darüber hinaus noch durch Ausreißer systematisch verzerrt sind.[137] Die Ergebnisse lassen den Schluß zu, daß es eine maximale Informationsdichte über ein Unternehmen geben muß, bis zu deren Erreichen neue Informationen zu Überrenditen führen. Das Ausmaß der möglichen Überrendite sinkt aber bei Erhöhung des absoluten Informationsstandes. Diese Ergebnisse sind nicht von der Art der Kapitalmaßnahme abhängig und insofern bei Splits und KEaGM gleich. Die verbleibenden Unterschiede in den ÜR sind demnach der Signalwirkung von KEaGM zuzuschreiben.

Ein Antizipationseffekt dürfte bei Splits im Zusammenhang mit der Hypothese künftiger höherer Ausschüttungen nicht auftreten. Da bei Splits auch ÜR im Vorfeld festgestellt wurden, kann man einen Antizipationseffekt im Zusammenhang mit der Neglected Firm Hypothese vermuten. Da nach der Neglected Firm Hypothese weniger die Kapitalmaßnahme an sich, als der Zuwachs an Informationen über das Unternehmen für die Kursreaktion verantwortlich ist, können schon vage Informationen ausreichen, um mehr Aufmerksamkeit und damit mehr Analysen auf die Aktie zu lenken.

Für die Untersuchung der Anpassungsgeschwindigkeit in Abhängigkeit von der Mikrostruktur kann der zweite postulierte Wirkungsmechanismus der Neglected Firm Hypothese herangezogen werden, der davon ausgeht, daß die Anpassungsgeschwindigkeit mit der Menge an Informationen wächst. Padberg hat seine Stichprobe deshalb nach den Marktsegmenten amtlicher variabler Handel, amtlicher Kassahandel und nichtamtlicher Handel aufgeteilt, da je nach Marktsegment unterschiedliche Publizitätsanforderungen bestehen und damit auch mehr Transparenz vorhanden ist.[138] Nur im amtlichen variablen Handel ist die Überrendite am Tag nach dem AT sehr viel geringer, d.h. dort findet die schnellste Anpassung statt. Aus der Untersuchung von Gebhardt et al. läßt sich für den Tag nach der Ankündigung auch ein Gefälle der Überrenditen umgekehrt zur Unternehmensgröße feststellen. Kaserer und Mohl wiederum, haben für Splits keinerlei Einfluß der Unternehmensgröße auf die Informationsverarbeitungsgeschwindigkeit feststellen können. Hier gilt das oben bezüglich der Methodik angemerkte entsprechend. Wulff hat seine Überrenditezeitreihen nicht nach der Unternehmensgröße aufgeschlüsselt, so daß hierzu leider keine Informationen verfügbar sind.

---

[137] Vgl. KASERER/MOHL (1998), S. 434-443.

[138] Vgl. DEUTSCHE BÖRSE (1999a). Für das Börsensegment des Neuen Marktes dürften in nächster Zukunft nicht sehr viele KEaGM zu beobachten sein, da es sich bei den Unternehmen, die diesem Segment angehören, meist um kleinere Unternehmen mit starkem Wachstum handelt, die kaum Gewinnrücklagen besitzen und oft auch keine Dividenden ausschütten. Demzufolge würde auch die Hypothese über höhere zukünftige Ausschüttungen nicht greifen.

Autor, Jahr; Untersuchungsgegenstand	**GEBHARDT ET AL. (1994)** KEaGM (KEaGM mit zstzl. KEgBE)	**PADBERG (1995)** KEaGM und KEgBE	**KASERER/BRUNNER (1997)** KEaGM	**KASERER/MOHL (1998)** Splits (5 DM Aktie)	**WULFF (1999)** Splits
Signalhypothesen 1. Höhere künftige Ausschüttungen 2. Beschränkung der Ausschüttungs-Möglichkeiten 3. Unternehmenswert-hypothese 4. Trading Range als Signal	zu 1. Überrenditen und Änderung der Dividendensumme sind schwach positiv korreliert mit KEgBE ist Anstieg der ÜR kleiner zu 2. Überrenditen und Berichtigungsverhältnisse sind nur schwach positiv korreliert (↔ im Gegensatz zu USA –FFJR (1969))	zu 1. Überrenditen sind positiv korreliert mit dem relativen Bezugsrecht zu 3. ÜR vor der KEaGM und ÜR am Ankündigungstag sind negativ korreliert. (evtl. durch Informationen erklärbar, die schon vor dem Ereignis durchgesickert sind) ÜR nachher nicht damit zu erklären zu 4. positiver Zusammenhang zwischen dem Bezugsrechtwert und der Überrendite	zu 1.deutlicher Signaleffekt (Überrenditen im Ankündigungszeitraum 5,89%) Selbst wenn man am AT kauft kann man ÜR von 9,42% erzielen vorhersehbare KEaGM (mit zusätzlicher KEgBE) haben deutlich kleinere ÜR 10,3% (↔ 26,4%), wie vermutet im Ankündigungszeitraum sind die ÜR fast gleich, vorher unterscheiden sie sich (↔ Geb/Ent/Hei) mit BV steigt CAR (1/x-Abh.) (↔ Geb/Ent/Hei)	zu 1. kein sig. Anstieg (↔ im Ggs zu USA) Da in Deutschland bei Splits auch kein Signaleffekt vermutet wurde, ist der Signaleffekt bei KEaGM indirekt bestätigt zu 4. Ergebnisse sprechen gegen Trading Range Hypothese als Signal	zu 1. Signalhypothese wird von vorneherein abgelehnt (aus institutionellen Gründen, da nur 10:1 splits betrachtet werden) da Signal wegfällt, ist ÜR am AT auch geringer als in USA (dort ist ÜR auch geringer, wenn man nur die „wirklichen" splits betrachtet (vgl. RANKINE/STICE (1997))
Hypothesen aus Kapitalmarktfriktionen 5. Liquiditätshypothese aus Trading Range 5a. Trading range aus „psychologischen Gründen" („angemessene Kursspanne") 6. Neglected Firm Hypothese a. Änderung der Informationsmenge b. langsamere Anpassung c. gestiegene Volatilität 7. Mikrostruktur (Volatilitätsanstieg)	zu 6a. Überrendite und Unternehmensgröße weisen einen sig. neg. Zusammenhang auf Marktwert: <300 Mio: 9,83 % ÜR, >1 Mrd: 5,54% ÜR im Zeitraum [A–30, A] zu 6b. mit Größe des Unternehmen nimmt die ÜR am Tag nach AT ab. (Danach ist jedoch kein Zusammenhang zw. Größe und ÜR festzustellen.)	zu 6a.ÜR und Volatilität der ÜR im amtl. Handel am niedrigsten, 2,93% (weil öfter durchgeführt als variabler Handel, (4.27%) und im nichtamtlichen Handel am größten, 5,11%, jedoch keine Signifikanz; im Ggs zu KEgBE werden KEaGM eher in „kleineren" Segmenten vorgenommen zu 6b.Nur im amtlichen variablen Handel ist die Überrendite am Tag nach AT sehr viel geringer (d.h dort schnellste **Anpassung** in anderen Segmenten bleib Liquidität gleich weil große Unternehmen auch im geregelten Markt zu finden sind) zu 6c.negativer Zusammenhang zwischen Ankündigungseffekt (=Volatilität der ÜR) und Änderung des Informationsrisikos	zu 5. Untersuchung spricht gegen Trading Range zu 5a. wäre möglich in Deutschland	zu 6a. da DAX-Werte am besten abschneiden, besitzt die Neglected Firm Hypothese zunächst keinen Erklärungsgehalt; jedoch wurden die DAX-Werte durch einen Ausreißer (SAP-Aktie) überbewertet zu 6c. 1% Anstieg der Jahresvolatilität nach ExT, außer DAX-Werte (zu prüfen durch Auswertung von Umsatzstatistiken) es wäre zu untersuchen, wie viele Kurse am Tag tatsächlich festgestellt wurden oder ob sich bei Untergruppe mit Einheitskurs geringerer Anstieg der Volatilität ergibt zu 7. negativer Zusammenhang zwischen Liquidität und Volatilität	zu 5. Liquidität steigt (desto mehr je kleiner Liqui. vorher war) (↔USA, dort steigt Liquidität nicht mehr, da die Aktien in ihrer Liquidität „gesättigt" sind) und (↔Kaserer/Mohl), aber kein Wertanstieg festgestellt (↔ Amihud et al 1986,1997) eventuell greift Erklärung Stricklands, daß nur die Liquidität die durch veränderte Besitzverhältnisse kommt, ÜR verursacht zu 6a sig. negativer Zusammenhang zwischen Marktwert und ÜR keine Angaben zur Zeitstruktur der ÜR in Abhängigkeit vom Marktwert zu 7. Varianz steigt um den ExT von 2,21auf 4,43 (auch noch ein Jahr später hoch) ist aber um 1 niedriger als in USA (bei trade-trade returns kein Unterschied zu USA d.h. auch ohne bid-ask steigt Volatilität)
am Ex-Tag: 8. Meßfehler 9. Publizitätsdruck	zu 9. erhöhte Aufmerksamkeit um den Ex-Tag für UR verantwortlich		Kursreaktionen am ExT unklar; warum noch 1 Jahr nach AT Anstieg von über 4% ? Begründung: splittende Unternehmen haben häufig überdurchschnittlich positive Zukunftsaussichten , Kurs steigt deshalb. Der Markt müßte die steigenden Dividenden jedoch antipizieren; ⇒ Dies läßt auf Informationsineffizienz schließen		zu 8. thin trade hat kaum Auswirkung auf Ergebnisse; kann demnach auch nicht als mögliche Erklärung von Meßproblemen herangezogen werden
Bermerkungen der Autoren	Kursreaktionen am ExT unklar	mit Regressionsanalyse wurde versucht, dominierende Erklärungsvariable zu isolieren. Ergebnis: Marktwert im Zusammenhang mit der neglected firm Hypothese ist dominierend.		mit dem Kursprozeß-Liquiditäts-Modell wird der Liquiditätseffekt erklärt. Folgerung: Gesamtkursfeststellung besser als Einzelkursfeststellung (unter den gemachten Annahmen)	Das Ex-Tag Verhalten könnte auf die Marktmikrostruktur (Meßfehler) zurückzuführen sein
Anmerkungen				Die SAP Aktie befindet sich auch in der Vergleichsgruppe der NODAX Werte	

T[E-i, E+j] : Zeitraum für die Berechnung der kumulierten Überrenditen vom Tag i bis zum Tag j bezogen auf den Ankündigungstag A (AT), den Tag der Hauptversammlung HV oder den Plazierungstag E (Ex); Ggs: Gegensatz; sig.: signifikant; ÜR: Überrendite; Zsh.: Zusammenhang; zstzl: zusätzlich; widersprüchliche Ergebnisse sind mit einem Doppelpfeil gekennzeichnet (↔)

Tabelle 3: Vergleich der Erklärungen für beobachtete Kursreaktionen bei Kapitalerhöhungen aus Gesellschaftsmitteln und Stock Splits am deutschen Aktienmarkt

3.4.2 Kursreaktionen um den Ausführungstag

Alle Untersuchungen haben am Ex-Tag eine ÜR festgestellt, die aber nie signifikant ausfiel. Im Zusammenhang mit dem Ex-Tag wird oft die Liquiditätshypothese diskutiert. Die Liquiditätshypothese geht einerseits von einer erhöhten Liquidität und andererseits dadurch bedingt von höheren Kursen aus. Beides wird durch empirische Untersuchungen gestützt.[139] Kaserer und Mohl haben ausgehend von dem in Kap. 2.3.2 vorgestellten Kursprozeß-Liquiditätsmodell die Untersuchungshypothesen aufgestellt, daß

a) die Umstellung auf 5DM Aktien nicht zu abnormalen Kursreaktionen führt und
b) ein negativer Liquiditätseffekt und eine erhöhte Volatilität ab dem Ex-Tag auftreten wird. Begründung: da der Mindestschluß auf ein Fünftel des Umsatzvolumens sinkt, kommt es zu mehr Preisfestsetzungen, weil nicht mehr zum Kassakurs gehandelt werden muß und Investoren ihre Order aufteilen.[140]

Die Untersuchungsergebnisse bestätigen diese Hypothesen. Kaserer/Mohl stellen am Ex-Tag keine signifikante ÜR, aber einen signifikanten Anstieg der Volatilität fest. Gestützt durch die Beobachtung, daß durch den Splitfaktor die gestiegene Anzahl von gehandelten Aktien überkompensiert wird und es somit zu einem Rückgang im Handelsvolumen kommt, wird angenommen, daß die Anzahl der Preisfeststellungen auf die Volatilität stärker wirkt, als der Umsatz pro Preisfeststellung.[141]

Wulff hingegen stellt für Deutschland im Gegensatz zu den USA einen substantiellen Anstieg der Liquidität, vor allem der vormals illiquiden Werte fest. Dieser Liquiditätsgewinn, der sich aus der besseren Handelbarkeit ergibt, spiegelt sich aber nicht in signifikanten Überrenditen wider. In diesem Punkt decken sich die Ergebnisse von Wulff mit dem Modell von Kaserer und Mohl, stehen aber im Gegensatz zu den jüngsten Untersuchungen von Amihud, Mendelson und Lauterbach. Diese haben festgestellt, daß eine Umstellung des Handelsverfahren an der Tel Aviv Stock Exchange einerseits die Liquidität erhöht und andererseits zu starken Kursgewinnen geführt hat.[142]

Die Ergebnisse aus allen drei Ländern sind mit der These vereinbar, daß es eine „optimale" Liquidität für den Markt gibt. Wird darüber hinaus die Handelbarkeit verbessert, etwa indem die Kurse erniedrigt werden, reagiert die Börse nicht mit einer höheren Liquidität. Da die Liquidität in den USA allgemein schon hoch ist, wirken sich Stock Splits somit nicht liquiditätssteigernd aus.

Wie die optimale Liquidität in Abhängigkeit vom Kursfeststellungsverfahren erreicht werden kann, ist noch nicht hinreichend geklärt. Dazu müßten Umsatzstatistiken und Daten zur Informationsaufnahme und –verarbeitung der Marktteilnehmer mit in die

---

139 Die empirischen Belege für diese Aussage finden sich in Kapitel 3.1.2.1.

140 Ob die Investoren wirklich Order nach Stückzahlen aufteilen ist fraglich, eher werden sie die Order nach Volumen aufteilen.

141 Vgl. COPELAND (1979), S. 115-141, KOSKI (1998), S. 156. Dies deckt sich mit der Untersuchung von GERHARD/HESS/POHLMEIER (1998) am Rentenmarkt, die einen Anstieg der Varianz pro Transaktion bei häufigerem Handel konstatiert.

Untersuchungen zu KEaGM und Splits einbezogen werden. Aus dem Kursprozeß-Modell von Kaserer und Mohl läßt sich wohl schließen, daß im Zusammenhang mit Splits die Gesamtkursfeststellung Vorteile gegenüber der Einzelkursfeststellung hat und auch im allgemeinen haben bei umsatzschwachen Werten Call-Markets wohl Vorteile,[143] jedoch kann im Einklang mit dem vorgestellten Arbeiten von Amihud et al. festgestellt werden, daß eine Aussage über die Marktstruktur schlechthin nicht getroffen werden kann. Um eine optimale Liquidität für alle Werte sicherzustellen sollte die Marktmikrostruktur des Handelssystems keineswegs einheitlich sein. Das Handelsverfahren muß vielmehr die unterschiedlichen Umsatzmerkmale der Titel berücksichtigen. Durch unterschiedliche Preisfeststellungsmechanismen (Auktion, mehrere Auktionen, fortlaufender Handel, ...) oder Zusatzliquidität durch designated sponsors, die sich zur Veröffentlichung von Quotes verpflichten, kann in modernen elektronischen Handelssystemen auch bei kleineren Werten eine ausreichende Liquidität gewährleistet werden.[144]

Der **Volatilitätsanstieg** ist in Deutschland ähnlich dem Anstieg aus amerikanischen Untersuchungen.[145] In Deutschland kann die Erklärung der Volatilitätsänderung durch überproportional viele Ask-Preise nach dem Ex-Tag oder einer gewissen Tickgröße[146] aufgrund der verschiedenartigen Marktmikrostruktur jedoch keine Verwendung finden. Deshalb diese Einflußgrößen am US-Markt zumindest nicht allein für den Anstieg verantwortlich sein. Dies deckt sich mit Untersuchungen von KOSKI (1998), die bei Verwendung von nur Brief-Kursen oder nur Geld-Kursen festgestellt hat, daß der Volatilitätsanstieg unabhängig von Änderungen im Bid-Ask-Spread ist und auch nicht von der Tickgröße abhängt.[147] In der Literatur wird weiterhin konstatiert, daß die Spreads größer und die Preise volatiler sind, wenn wenig Handel in einer Aktie stattfindet.[148] Da nach seinen Untersuchungen der Unterschied der resultierenden Volatilitäten bei Verwendung von trade to trade returns gegenüber Tagesrenditen klein ist, beweist auch das Ergebnis von Wulff am deutschen Markt, daß es neben den Meßfehlern, die von der Mikrostruktur herrühren, noch andere Ursachen geben muß, die für einen Volatilitätsanstieg verantwortlich sind. Weil im Vergleich zu den Ergebnissen aus den USA ein etwas schwächerer Effekt sichtbar wurde, kann man darauf schließen, daß der bid-ask Effekt am US-Markt gleichwohl eine gewisse Rolle spielt. Für Deutschland läßt sich aus den hier betrachteten Studien der Schluß ziehen, daß die Ziele, die mit der Reduktion des Mindestnennwert auf 5 DM erreicht werden sollten, nicht erreicht wurden.

---

[142] Vgl. AMIHUD/MENDELSON/LAUTERBACH (1997), S. 365-390.

[143] Vgl. UNSER/OEHLER (1997), S. 370.

[144] Vgl. DEUTSCHE BÖRSE (1999), S.5-7.

[145] Vgl. KOSKI (1998), S. 157.

[146] Vgl. GRINBLATT/MASULIS/TITMAN (1984), S. 482; CONRAD/CONROY (1994), S.1507-1519.

[147] Dies ist auch mit den Ergebnissen von OHLSON/PENMAN (1985) vereinbar.

[148] Vgl. COHEN (1986), S.5.

Hauptargument waren angebliche Vorteile für Kleinanleger, die aus der besseren Handelbarkeit resultieren. Die Börse honoriert diese Möglichkeit offensichtlich nicht, es ist lediglich eine höhere Volatilität festzustellen, die die Kurssicherheit für die Kleinanleger vermindert.

Eine mögliche Erklärung des signifikanten Kursanstiegs vor dem Ex-Tag kann die Liquiditätshypothese nicht liefern. Eventuell spielt hier das Anlegerverhalten eine Rolle. Vor dem Ex-Tag wird durch Presseberichte verstärkt Aufmerksamkeit auf das Ereignis gelenkt. Dies könnte dazu führen, daß Informationen erst jetzt wahrgenommen werden oder sich neue Anleger für eine Aktie interessieren und durch ihre Nachfrage den Kurs steigen lassen, obwohl die wiederholte Ankündigung des Ereignisses keine bewertungsrelevanten Informationen enthält. Der Markt wäre demnach nicht informationseffizient und der Kursanstieg eine reine Überreaktion. Bei einer Überreaktion müßten im Anschluß die Kurse wieder zurückgehen. Dies wird von allen Untersuchungen auch festgestellt, was die Gültigkeit dieser These untermauert.
Die festgestellte Informationsineffizienz müßte mit der Zeit verschwinden, wenn man davon ausgeht, daß der Markt „lernt". In der Tat hat Wulff festgestellt, daß die ÜR der Stock Splits zwischen 1994 und 1996 wesentlich geringer ausgefallen sind, als die der Periode 1966-93.[149]

Neben der partialanalytischen Überprüfung können mit einer multiplen Regressionsanalyse die Faktoren herausgearbeitet werden, deren Erklärungsgehalt am größten für die beobachteten Kursreaktionen ist. Padberg hat für den Marktwert, als Stellvertreter für den verfügbaren Informationsgehalt, den größten Erklärungsgehalt gefunden. Dies deckt sich auch mit dem Ergebnis von Wulff, der die Neglected Firm Hypothese als dominant gegenüber den anderen Hypothesen ansieht.
Dieses Ergebnis läßt sich auch mit den Ergebnissen der anderen Studien vereinen, wobei die Studien zu KEaGM alle eine zusätzliche, deutliche Signalwirkung feststellen. Bezüglich der Informationsverarbeitung und –effizienz kommen die Studien nicht zu eindeutigen Ergebnissen. Trotz Überrenditen, noch lange Zeit nach dem Ereignis, kann aufgrund alternativer Erklärungen für diese Überrenditen, die Informationseffizienzhypothese aufrecht erhalten werden. Ebenfalls nicht eindeutig ist der Einfluß der Marktmikrostruktur auf die Kursfeststellung. Ein beobachteter Volatilitätsanstieg ab dem Ex-Tag kann weder mit Meßfehlern noch mit der Mikrostruktur des Marktes ausreichend erklärt werden.

---

[149] Ob aus dieser Beobachtung tatsächlich geschlossen werden kann, daß der Markt einen Lernprozeß durchgemacht hat, ist fraglich. Die Aktien des ersten sample wurden zum größten Teil schon in den Jahren zwischen 1966 und 1974 gesplittet. Daß aber von Ereignissen, die so lange zurückliegen, ein Lerneffekt ausgeht, ist doch eher unwahrscheinlich. Eher könnte sich der Wandel der Börsenstruktur, die verbesserten Informationsmöglichkeiten oder ein größeres Handelsvolumen hier bemerkbar gemacht haben.

4 Zusammenfassung

In der vorliegenden Diplomarbeit wurden die Wirkungen von Kapitalerhöhungen aus Gesellschaftsmitteln und Stock Splits auf die Aktienkurse untersucht.
Dazu wurden sowohl Hypothesen zusammengetragen, als auch eine Tabelle zusammengestellt, die die Ergebnisse sämtlicher empirischer Untersuchungen zum Themenkreis KEaGM und Stock Splits am deutschen Markt in verdichteter Form wiedergibt. Eine weitere Übersicht faßt die Erklärungen zusammen, die aus den Hypothesen, unterstützt durch die empirischen Ergebnisse, abgeleitet werden können.
Neben den Fragen, ob die Ankündigung von Kapitalmaßnahmen, die eine Erhöhung der Anzahl ausstehender Aktien zum Gegenstand haben, eine kursbeeinflussende Wirkung hat, und wenn ja, ob diese Information effizient vom Markt verarbeitet wird, wurde der Einfluß der Marktmikrostruktur beleuchtet.
Zusammenfassend läßt sich sagen, daß bei den Untersuchungen ein signifikanter Ankündigungseffekt festgestellt wurde, der bei den KEaGM durch Signalisieren höherer Ausschüttungen interpretiert werden kann. Die Erwartungen über eine unterschiedliche Kursreaktion von kleinen bzw. mittleren und großen Unternehmen wurden bestätigt. Splits und KEaGM sind in besonderem Maße geeignet, die Aufmerksamkeit der Marktteilnehmer auf das Unternehmen zu lenken. Für die Gültigkeit der Trading Range Hypothese in Deutschland ließen sich keine eindeutigen Beweise finden.
Für die deutliche Überrendite am Ex Tag könnte ein Publizitätseffekt verantwortlich zeichnen. Der Volatilitätssprung am Ex-Tag konnte nicht abschließend erklärt werden. Die Mikrostruktur kann nur teilweise dafür verantwortlich sein, Meßfehler erklären einen weiteren Teil. Eine alles umspannende Erklärungshypothese gibt es jedoch nicht. Für eine niedrige Volatilität braucht man ein differenziertes Handelssystem, das eine möglichst hohe Liquidität garantiert. Zu der Frage wie das gestaltet werden müßte, besteht allerdings noch Forschungsbedarf.
Bisher weitgehend unberücksichtigt geblieben, ist auch die Implementierung verhaltenswissenschaftlicher Elemente in die Erklärungsversuche für die Kursreaktionen im Umfeld von Stock Splits und KEaGM. Auch in diese Richtung müßte geforscht werden. Dabei würde allerdings die Grenze von der empirischen zur experimentellen Kapitalmarktforschung überschritten.

Anhang A

Ausgewählte Studien zu Kursreaktionen bei Kapitalerhöhungen aus Gesellschaftsmitteln und stock splits (entnommen aus PADBERG (1995), S.184-185)

Autor, Kurztitel, (Jahr)	Untersuchungszeitraum Anzahl der Emissionen Markt Renditefristigkeit Gleichgewichtsrendite	Empirische Ergebnisse kumulierte Überrendite bei der Ankündigung	Empirische Ergebnisse kumulierte Überrendite bei der Plazierung	Erklärung der beobachteten Kursreaktionen
Fama/ Fisher/ Jensen/ Roll, Adjustment of Stock Prices, (1969)	1927-1959 940 Ereignisse, 672 Dividendenerhöhungen nach dem Ereignis, 268 Dividendensenkungen nach dem Ereignis, Monatsrenditen Überrendite über Marktmodell Der Monat Null ist der Monat der Veröffentlichung in der Presse.	wird nicht untersucht	*gesamte Stichprobe* M[-29,-3] : 27,9% M[-2] : 3,63% M[-1] : 1,9% M[0] : 0,7% M[+1,+6] :0,4% *Dividendenerhöhung* M[-29,-3] : 30,0% M[-2] : 3,90% M[-1] : 2,0% M[0] : 1,3% M[+1,+6] :2,0% *Dividendenkürzung* M[-29,-3] : 22,5% M[-2] : 3,0% M[-1] : 1,8% M[0] : -0,9% M[+1,+6] :-3,6%	Überrenditen und Dividendenhöhe nach dem Ereignis sind positiv miteinander korreliert; Die überwiegende Anzahl der Gesellschaften erhöht nach dem Ereignis die Dividende; Bestätigung der Ausschüttungs-Hypothese.
Nichols/ McDonald, Stock Split, (1983)	1927-1959 494 Ereignisse Monatsrenditen Überrenditen über Marktmodell Der Monat Null ist der Monat der Veröffentlichung in der Presse	Stock Split ≥ 25% M[-12,-5] : 11,96% M[-4,-3] : 4,43% M[-2] : 1,87% M[-1] : 2,05% M[0] : 4,31% M[+1,+6] : -0,44%	Stock Split ≥ 25% M[-12,-5] : 13,36% M[-4,-3] : 4,6% M[-2] : 3,63% M[-1] : 1,73% M[0] : 0,95% M[+1,+6] : -1,03%	Überrenditen und Gewinnentwicklung vor bzw., nach dem Ereignis sind positiv korreliert; *Kontinuierlicher Anstieg des Beta-Faktors.*
Grinblatt/ Masulis/ Titman, Stock Splits, (1984)	1967-1976 1762 Ereignisse, 382 Stock-Dividenden 1380 Aktiensplits 328 reine Ereignisse 84 Stock-Dividenden 244 Aktiensplits Tagesrenditen Überrenditen im Vergleich zum Mittelwert der Aktienrendite Ankündigungstag ist der letzte Tag vor der Veröffentlichung in der Presse	*gesamte Stichprobe* T[-120,-6] : 29,0% T[-5,-1] : 1,8% T[0,+1] : 3,4% T[+2,+120] : 7,2% *Stock-Dividende* T[0,+1] : 4,9% *Stock Split ≥ 25%* T[0,+1] : 3,0% *reine Ereignisse* T[-120,-6] :36,3% T[-5,-1] : 1,6 T[0,+1] : 4,0% T[+2,+120] : 7,5% *Stock-Dividende 10-25%* T[0,+1] : 5,9% *Stock Split ≥ 25%* T[0,+1] : 3,3%	*gesamte Stichprobe* T[-10,-2] : 0,0% T[-1,+1] : 1,5% T[+2,+10] : 0,72% *Stock-Dividende 10-25%* T[-1,+1] : 2,3% *Stock Split ≥ 25%* T[-1,+1] : 1,3% *NYSE firms* T[-1,+1] : 0,92% *AMEX firms* T[-1,+1] : 2,3%	Überrendite und positive Gewinnerwartung vor dem Ereignis sind positiv korreliert; Überrenditen bei Stock-Dividenden ist größer als bei Aktiensplits; "reine" Ereignisse, d. h. Ereignisse ohne zusätzliche Informationen zu höheren Überrenditen als Ereignisse *mit zusätzlichen Informationen*; Bestätigung der Gewinnthese.

A : Ankündigungszeitpunkt; E : Plazierungszeitpunkt; WD : Tag der Annulierung einer Kapitalerhöhungsankündigung; T[i, j] : Zeitraum für die Berechnung der kumulierten Überrenditen vom Tag i bis zum Tag j bezogen auf den Ankündigungstag oder den Plazierungstag (T : Tag, M : Monat : Std : Stunden) (t:) : Funktionswert der t-Statistik; (z:) : Funktionswert nach dem Wilcoxon-Vorzeichen-Rangtest.

Autor, Kurztitel, (Jahr)	Untersuchungszeitraum Anzahl der Emissionen Markt Renditefristigkeit Gleichgewichtsrendite	Empirische Ergebnisse kumulierte Überrendite bei der Ankündigung	Empirische Ergebnisse kumulierte Überrendite bei der Plazierung	Erklärung der beobachteten Kursreaktionen
Asquith/ Healy/ Palepu, Earnings and Stock Splits, (1989)	1970-1980 121 Ereignisse 84 reine Ereignisse Tagesrenditen Überrenditen im Vergleich zum Marktindex Ankündigungstag ist der Tag der Veröffentlichung in der Presse.	*gesamte Stichprobe* Stock Split ≥ 25% T[-480,-2] : 72,1% T[-20,-11] : 2,5% (t: 2,0) T[-10,-2] : 3,2% (t: 2,7) T[-1,0] : 3,7% (t: 6,8) T[+1,+10] : 0,3% (t:0,2) T[+11,+20] : 0,1% (t:0,1) reine Ereignisse: T[-480,-2] : 71,7% T[-20,-11] : 3,4% (t: 2,4) T[-10,-2] : 3,5% (t: 2,6) T[-1,0] : 4,4% (t: 7,1) T[+1,+10] : 2,0%	wird nicht untersucht	Gewinnentwicklung in den vier Jahren vor und den vier Jahren nach dem Stock Split; signifikant positive Überrenditen bei reinen Ereignissen signifikant höher als bei gemischten Ereignissen; Bestätigung der Gewinnthese.
Liljeblom, Stock Splits, (1989)	1977-1985 84 Ereignisse 54 Stock-Dividenden 20 Aktiensplits 10 Stock-Dividende+ Stock Split Schweden Tagesrenditen Überrenditen über Marktmodell Ankündigungstag ist der Tag der Veröffentlichung in der Presse	*gesamte Stichprobe* T[0] : 1,00% (t: 5,10) T[0,+1] : 1,37% (t: 4,71)	wird nicht untersucht	Überrenditen und unerwarteter Gewinnanstieg sind positiv korreliert.
McNichols/ Dravid, Stock Splits, (1990)	1976-1983 2780 Ereignisse 1308 Stock-Dividenden 1472 Aktiensplits Tagesrenditen Überrenditen im Vergleich zu einem Vergleichsportfolio Ankündigungstag ist der Tag der Veröffentlichung in der Presse	*gesamte Stichprobe* T[0] : 1,4% (t: 21,3) T[-1,+1] : 2,8% (t: 26,2) *Stock Splits* ≥ 20% T[0] : 1,5% (t: 18,4) T[-1,+1] : 3,0% (t: 26,2) *Stock Dividend* *Splitfaktor ≥10%* T[0] : 2,0% (t: 13,6) T[-1,+1] : 3,8% (t: 17,2) *Splitfaktor<10%* T[0] : 0,7% (t: 4,7) T[-1,+1] : 1,6% (t: 6,7)	wird nicht untersucht	Überrenditen und Splitfaktor, absoluter Aktienkurs und Gewinnprognosefehler sind positiv korreliert; Überrendite und Marktwert des Unternehmens sind signifikant negativ korreliert; Absoluter Aktienkurs und Splitfaktor sind positiv korreliert; Bestätigung der Trading Range-Hypothese und Gewinnprognose-Hypothese.

A : Ankündigungszeitpunkt; E : Plazierungszeitpunkt; WD : Tag der Annulierung einer Kapitalerhöhungsankündigung; T[i, j] : Zeitraum für die Berechnung der kumulierten Überrenditen vom Tag i bis zum Tag j bezogen auf den Ankündigungstag oder den Plazierungstag (T : Tag, M : Monat : Std : Stunden) (t:) : Funktionswert der t-Statistik; (z:) : Funktionswert nach dem Wilcoxon-Vorzeichen-Rangtest.

Anhang B

Literaturverzeichnis

AMIHUD/MENDELSON (1986)

Amihud, Y.; Mendelson, H.: Asset pricing and the bid-ask spread; in: Journal of Financial Economics 17; 1986; S. 223-249

AMIHUD/MENDELSON (1987)

Amihud, Y.; Mendelson, H.: Trading Mechanisms and Stock Returns: An Empirical Investigation; in: The journal of finance 42; 1987; S. 533-555

AMIHUD/MENDELSON/LAUTERBACH (1997)

Amihud, Y.; Mendelson, H.; Lauterbach, B.: Market microstructure and securities values: Evidence form the Tel Aviv Stock Exchange; in: Journal of Financial Economics 45; 1997; S. 365-390

ARMITAGE (1995)

Armitage, S.: Event Study Methods and Evidence on their Performance; in: Journal of Economic Surveys 8; No. 4; 1995, S. 25-52

ASQUITH/HEALY/PALEPU (1989)

Asquith, P.; Healy, P.; Palepu, K.: Earnings and Stock Splits; in: The Accounting Review 64; 1989, S. 387-403

BITZ/SCHMIDT (1997)

Bitz, M.; Schmidt, H.; Bank- und Börsenwesen IV – Wertpapierbörsen und Wertpapiergeschäfte; Fernuniversität Hagen, 1997

BOLLINGER (1999)

Bollinger, I.: Die Entwicklung von Börsenkursen im zeitlichen Umfeld von Kapitalerhöhungen; zugl. Dissertation Universität Würzburg; Berlin, 1999

BRAKMANN (1993)

Brakmann, H.: Aktienemissionen und Kurseffekte; zugl. Dissertation Universität Hamburg; Wiesbaden, 1993

BRENNAN/COPELAND (1988)

Brennan, M.J.; Copeland, T.E. : Stock splits, stock prices and transaction costs; in: Journal of Financial Economics 22; 1988; S. 83-101

BROWN/WARNER (1985)

Brown, S.J.; Warner, J.B.: Using daily stock returns: The case of event studies; in: Journal of Financial Economics 14; 1985; S. 3-31

COHEN (1986)

Cohen, K.J. et al: Microstrucure of Securities Markets; Englewood Cliffs, 1986

CONRAD/CONROY (1994)

Conrad, J.S.;Conroy, R.: Market Microstructure and the Ex-Date Return; in: Journal of Finance 44, 1994, S. 1507-1519

COPELAND (1979)

Copeland, T.E.: Liquidity Changes Following Stock Splits; in Journal of Finance 34; 1979; S.115-141

DETTE (1998)

Dette, G.: Kursbildung am deutschen Aktienmarkt; zugl. Dissertation Univerisität Witten-Herdecke; Wiesbaden 1998

DEUTSCHE BÖRSE (1999)

Deutsche Börse AG (Hrsg.): Xetra – Release 3 – Vorsprung erkennen; Frankfurt, 1999

DEUTSCHE BÖRSE (1999a)

Deutsche Börse : Börsensegmente, Online im Internet, URL: http:// www.exchange.de/INTERNET/EXCHANGE/inside/segmente.htm, Stand unbekannt, Abruf .11.1999

DIMSON/MARSH (1986)

Dimson, E.; Marsh, P.: Event Study Methodologies and the Size Effect; in: Journal of Financial Economics 17; 1986, S. 113-142

DG-BANK (1994)

DG-Bank: Aktien-Research – Positive Signale durch Berechtigungsaktien; Frankfurt, 1994

EHRENBERG/TRAUTMANN (1996)

Ehrenberg, O.; Trautmann, S.: Ankündigungseffekte von Barkapitalerhöhungen deutscher Aktiengesellschaften im Zeitraum von 1973 bis 1994; Diskussionspapier, Lehrstuhl für Finanzwirtschaft, Universität Mainz; Mai 1996

FAMA/FISHER/JENSEN/ROLL (1969)

Fama, E.F.; Fisher,L.; Jensen, M.C.; Roll,R.: The adjustment of stock prices to new information; in: International Economic Review 10; 1969; S. 1-21

FAMA (1970)

Fama, E.F.: Efficient Capital Markets; in: The journal of finance 25; 1970; S. 383-417

FAMA (1991)

Fama, E.F.: Efficient Capital Markets II; in: The journal of finance 46; 1991; S. 1575-1617

FRANKE (1993)

Franke, G.: Neuere Entwicklungen auf dem Gebiet der Finanzmarkttheorie; in: Wirtschaftswissenschaftliches Studium: WiSt 22; 1993; S. 389-398

FRANKE/HAX (1994)

Franke, G.; Hax, H.: Finanzwirtschaft des Unternehmens und Kapitalmarkt; Dritte neu bearbeitete Auflage; Berlin, u.a., 1994

GEBHARDT/ENTRUP/HEIDEN (1994)

Gebhardt, G., Entrup, U., Heiden, S.: Kursreaktionen auf Kapitalerhöhungen aus Gesellschaftsmitteln; in: Zeitschrift für Bankrecht und Bankwirtschaft 4; 1994; S. 308-332

GERHARD/HESS/POHLMEIER (1998)

Gerhard, F.; Hess, D.; Pohlmeier, W.: What a Difference a Day Makes: On the Common Market Microstructure of Trading Days; in: Center of Finance and Economics, Discussion Paper; Dezember 1998

GRINBLATT/MASULIS/TITMAN (1984)

Grinblatt, M.; Masulis, R.; Titman, S.: The valuation effect of stock splits and stock dividends; in: Journal of Financial Economics 13; 1984; S. 461-490

GRINBLATT/MASULIS/TITMAN (1989)

Grinblatt, M.; Masulis, R.; Titman, S.: Signalling and the Pricing of New Issues; in: Journal of Finance 44; 1989; S. 393-420

HARRIS/RAVIV (1991)

Harris, M.; Raviv, A.: The Theory of Capital Structure, in: Journal of Finance 46; 1991, S. 297-355

HELLWIG (1982)

Hellwig, M.: Zur Informationseffizienz des Kapitalmarktes; in: Zeitschrift für Wirtschafts- und Sozialwissenschaften 102; 1982; S. 1-27

KASERER/BRUNNER (1997)

Kaserer,C.; Brunner, A.: Die kurz- und langfristigen Kurseffekte von Kapitalerhöungen aus Gesellschaftsmitteln – Eine empirische Untersuchung für den deutschen Kapitalmarkt; in: Finanzmarkt und Portfolio Management 11; 1997, S. 77- 99

KASERER/MOHL (1998)

Kaserer, C.; Mohl, H.-P.: Die Einführung der 5-DM-Aktie - Ein Testfall für die Untersuchung der Mikrostruktur von Aktienmärkten; in: Kredit und Kapital 31; 1998, Nr. 3, S. 413-459

KOSKI (1998)

Koski, J.L.:Measurement Effects and the Variance of Returns after Stock Splits and Stock Dividends; in: Review of Financial Studies 11; 1998, S. 143-162

KRÄMER (1995)

Krämer, W.: Kapitalmarkteffizienz; in: Gerke, W./Steiner, M. (Hrsg.), Handwörterbuch des Bank- und Finanzwesens, 2. Auflage; Stuttgart, 1995, Sp. 1135-1143

KYLE (1985)

Kyle, A.S.: Continuous Auctions and Insider Trading; in: Econometrica 53; 1985; S. 1315-1335

LAKONISHOK/LEV (1987)

Lakonishok, J.; Lev, B.: Stock splits and stock dividends: Why, who and when; in: Journal of Finance 42; 1987; S. 913-932

LAMOUREUX/POON (1987)

Lamoureux, C., Poon, P: The Market Reaction to stock splits; in: Journal of Finance 42; 1987; S. 1347-1370

MILLER/MODIGLIANI (1961)

Miller, M.H.; Modigliani, F.: Dividend policy, growth and the valuation of shares; In: Journal of Business 34; 1961; S. 411-433

MODIGLIANI/ MILLER (1958)

Modigliani, F.; Miller, M.H.: The Cost of Capital, Corporation Finance and the Theory of Investment; in: American Economic Review 48; 1958; S.261-297

MÖLLER (1985)

Möller, H.P.: Die Informationseffizienz des deutschen Aktienmarktes: eine Zusammenfassung und Analyse empirischer Untersuchungen; in: ZfbF 37; 1985; S. 500-518

MÖLLER (1988)

Möller, H.P.: Die Bewertung risikobehafteter Anlagen an deutschen Wertpapierbörsen; in: ZfbF 40; 1988; S. 779-797

OEHLER (1995)

Oehler, A.: Die Erklärung des Verhaltens privater Anleger, Stuttgart, 1995

OHLSON/PENMAN (1985)

Ohlson, J; Penman, S.H.: Volatility Increases Subsequent to Stock Splits, An Empirical Aberration; in: Journal of Financial Economics 14; 1985; S. 251-266

PADBERG (1995)

Padberg, M.: Der Einfluß von Kapitalerhöhungen auf den Marktwert deutscher Aktiengesellschaften; zugl. Dissertation Universität Münster; Köln, 1995

PERRIDON/STEINER (1993)

Perridon, L.; Steiner, M.: Finanzwirtschaft der Unternehmung; 7. überarbeitete Auflage; München, 1993

PILOTTE/MANUEL (1996)

Pilotte, E.; Manuel, T.: The market's response to recurring events. The case of stock splits; in: Journal of Financial Economics 41; 1996; S. 111-127

RANKINE/STICE (1997)

Rankine, G.; Stice, E.K.: The market reaction to the choice of accounting method for stock splits and large stock dividends; in: Journal of Financial and Quantitative Analyses; 1997; S. 161-182

SCHMIDT/TERBERGER (1997)

Schmidt, R.H.; Terberger, E.; Grundzüge der Investitions- und Finanzierungstheorie; 4., aktualisierte Auflage; Wiesbaden, 1997

SCHWARTZ (1991)

Schwartz, R.A.: Reshaping the Equity Markets; New York, 1991

SHARPE (1964)

Sharpe, W.F.: Capital asset Prices: A Theory of Market Equilibrium under Conditions of Risk; in: Journal of Finance 19; 1964; S. 425-442

SMITH (1986)

Smith, C.: Investment Banking and the capital acquisition process; in: Journal of Financial Economics 15; 1986; S. 3-29

SÜCHTING (1995)

Süchting, J.: Finanzmanagement: Theorie und Politik der Unternehmensfinanzierung; 6., vollständig überarbeitete und erweiterte Auflage; Wiesbaden, 1995

SWOBODA (1994)

Swoboda, P.: Betriebliche Finanzierung; 3. Auflage; Heidelberg, 1994

UNSER/OEHLER (1997)

Unser, M.; Oehler, A.: Elektronische Börsen; in: Wirtschaftswissenschaftliches Studium: WiSt 26; 1997; Nr. 7; S. 367-369

WULFF (1999)

Wulff, C.: The Market Reaction to Stock Splits : Evidence from Germany; Discussion Paper 42; Sonderforschungsbereich 373 "Quantifikation und Simulation ökonomischer Prozesse"; Humboldt-Universität Berlin; 1999

ZWEITES FINANZMARKTFÖRDERUNGSGESETZ (1994)

Zweites Finanzmarktförderungsgesetz, in: Bundesgesetzblatt Teil I, Nr.48, S. 1749-1785; 1994